Susann Staats

Metriken zur Messung von Effizienz und Effektivität von Konfigurationsmanagement- und Qualitätsmanagementverfahren

EUROPÄISCHER HOCHSCHULVERLAG

Susann Staats

Metriken zur Messung von Effizienz und Effektivität von Konfigurationsmanagement- und Qualitätsmanagementverfahren

Wismarer Schriften zu Management und Recht, Band 32

EUROPÄISCHER HOCHSCHULVERLAG

www.wismarer-schriften.de

Staats, Susann

Metriken zur Messung von Effizienz und Effektivität von Konfigurationsmanagement- und Qualitätsmanagementverfahren

Wismarer Schriften zu Management und Recht
Band 32

Herausgegeben von:
Prof. Dr. Jost W. Kramer
Prof. Dr. Karl Wolfhart Nitsch
Prof. Dr. Gunnar Prause
Prof. Dr. Andreas von Schubert
Prof. Dr. Andreas Weigand
Prof. Dr. Joachim Winkler

1. Auflage 2009 | ISBN: 978-3-941482-35-7

Die Deutsche Bibliothek verzeichnet diesen Titel in der Deutschen Nationalbibliografie.
Bibliografische Daten sind unter http://dnb.ddb.de abrufbar.

EUROPÄISCHER HOCHSCHUL VERLAG

Inhaltsverzeichnis

Abkürzungsverzeichnis

AQAP	Allied Quality Assurance Publication
BSC	Balanced Scorecard (ausbalanzierter Berichtsbogen)
ca.	circa
DGQ	Deutsche Gesellschaft für Qualität e.V.
DIN	Deutsches Institut für Normung e.V.
EN	Europäische Norm
ERP	Enterprise Resource Planning (Planung des Einsatzes/ der Verwendung der Unternehmensressourcen)
e.V.	eingetragener Verein
ff.	fortfolgend
FMEA	Failure Mode and Effects Analysis (Fehlermöglichkeits- und Einflussanalyse)
FQS	Forschungsgemeinschaft Qualität e.V.
ggf.	gegebenenfalls
GWB	Geschäftswertbeitrag
Hrsg.	Herausgeber
IEEE Std.	Standard of the Institute of Electrical and Electronics Engineers
i.S.d.	im Sinne des
i.S.e.	im Sinne einer
i.S.v.	im Sinne von
ISO	International Standardization Organization (internationale Organisation für Normung)
IT	Informationstechnik

KM	Konfigurationsmanagement
PL	Projektleiter
PM	Projektmeilenstein
ppm	parts per million (relative Maßangabe)
PPSC	Projektportfolio-Scorecard
QM	Qualitätsmanagement
ROI	Return on Investment
RoQ	Return on Quality
Std.	Standard
sog.	so genannte
usw.	und so weiter
UAN	Unterauftragnehmer
Vgl.	Vergleich
V-Modell	Vorgehensmodell
WIN	Wertsteigerungsinitiative
z.B.	zum Beispiel

Symbolverzeichnis

€	Euro
∑	Sigma
%	Prozent
*	Symbol für im Rahmen dieser Arbeit selbst entwickelte Kennzahlen

Abbildungsverzeichnis

Tabellenverzeichnis

Vorwort I

Die Messung von Effektivität und Effizienz sind einerseits geradezu klassische Aspekte innerhalb der Betriebswirtschaftslehre. Andererseits werden diese beiden Begriffe nicht nur häufig verwechselt, sondern bereiten auch in dem Moment erhebliche Schwierigkeiten, wenn es um ihre Operationalisierung geht. Aber gerade diese Frage ist für Unternehmen von besonderer Relevanz, geht es doch darum, einerseits die richtigen Ziele zu verfolgen (Effektivität als zielorientierte Wirksamkeit) und andererseits darum, in welchem Maße die Ziele erreicht wurden (Effizienz als mittelorientierte Wirksamkeit).

Für beide Dimensionen gilt, dass ihre Messung nur mit Hilfe geeigneter Kennzahlen möglich ist, was vergleichsweise unproblematisch ist, wenn in einem Unternehmen oder in einem Bereich Sachgüter hergestellt werden und eine gut ausgebaute Kosten- und Leistungsrechnung existiert. Anders sieht es hingegen aus in Dienstleistungsunternehmen oder in Abteilungen, die Dienstleistungen für andere Abteilungen erbringen. Hier taucht die Problematik von Schnittstellen ebenso auf wie die Frage nach der Erfolgsdefinition.

Dass es aber auch in solchen Organisationen und Organisationseinheiten möglich ist, Effektivität und Effizienz nicht nur zu proklamieren, sondern tatsächlich auch zu messen, beweist die hier präsentierte Diplomarbeit von Frau Staats. Am Beispiel eines konkreten Unternehmens hat sie sich eingehend dieser Fragestellung gewidmet und präsentiert nachfolgend umfangreiche Metriken, die geeignet sind, sowohl im Bereich des Konfigurationsmanagement als auch des Qualitätsmanagement Effektivität und Effizienz zu definieren und zu messen.

Ihre Arbeit stellt angesichts der Messprobleme gerade in diesen beiden Bereichen eine wertvolle Bereicherung der betriebswirtschaftlichen Literatur dar, die zudem geeignet ist, für andere Organisationseinheiten mit ähnlichen Schwierigkeiten bei der Effektivitäts- und Effizienzmessung als Vorbild zu dienen.

Vor diesem Hintergrund freue ich mich ganz besonders, die Ausführungen von Frau Staats im Rahmen dieser Schriftenreihe einer breiteren Öffentlichkeit zugänglich machen zu können. Zugleich gilt mein Dank natürlich auch dem betreffenden Unternehmen, das Frau Staats diese Forschungsarbeit erst ermöglicht hat.

Wismar, im Juli 2009

Jost W. Kramer

Vorwort II

Kontinuierliche Verbesserung der Leistungsfähigkeit von Organisationseinheiten setzt zwei Dinge voraus. Die Kenntnisse über die Struktur der implementierten Prozesse sowie deren internen und externen Schnittstellen und einen stetigen Fluss von Informationen über die in den Prozessen behandelten/entstehenden Daten.

Die Prozesse abzubilden ist heute gut geübte Praxis, viel schwieriger verhält es sich mit den zu betrachtenden Daten. Vor allen Dingen dann, wenn finanzielle Kenngrößen allein nur unzureichende Auskunft über die Leistungsfähigkeit geben. Weiter erschwert wird die Aufgabe dann, wenn, wie im vorliegenden Fall, die betrachtete Organisation das Qualitätsmanagement eines Unternehmens ist, das als Querschnittsfunktion einen „Unterstützungsprozess" liefert und vordergründig keine eigenen Produkte hat.

Die vorliegende Arbeit zeigt, dass auch in derartigen Konstellationen eine große Anzahl von Merkmalen/Kenngrößen generiert werden kann, die die Leistung der Prozesse innerhalb der Organisation transparent darstellen. Dies ist die Basis, Auswirkungen von Veränderungen zu messen und die Effektivität und Effizienz der Organisation zu steigern.

Für den Bereich Qualitätsmanagement erarbeitet, bietet die vorliegende Veröffentlichung auch für andere Organisationseinheiten anwendbare nichtfinanzielle Kenngrößen, die, konsequent umgesetzt, eine ausgezeichnete Basis zur Leistungsmessung und Verbesserung darstellen.

Schrobenhausen, im Juli 2009

Alexander Pittroff

Danksagung

Ohne die Hilfe und Unterstützung vieler Menschen wäre es mir nicht möglich gewesen, dieses Buch anzufertigen. Zunächst möchte ich mich für die Betreuung von Seite der Hochschule Wismar bei Herrn Professor Kramer dafür bedanken, dass er mich durch Anregungen, Feedbacks sowie Freiräume und einen hohen wissenschaftlichen Anspruch hervorragend unterstützte.

Ich danke meiner Familie und meinen Freunden, die mir zuhörten und mich mit Geduld, Verständnis, Aufmunterungen und Kritik begleiteten.

1. Einleitung

„Fast jeder bedeutender Philosoph hat den Begriff Qualität so oder so gewendet."[1] Stets ist Qualität im Unternehmensbereich an Qualitätsmanagement (QM) sowie entsprechende QM-Systeme gebunden. QM-Systeme implementieren Konfigurationsmanagement (KM) und Änderungsmanagement.

Zertifizierungen geben den nach bestimmten QM-Normen gebildeten Systemen in Teilbereichen starkes Gewicht. „Wer nicht zertifiziert ist, bekommt keinen Auftrag!"[2] ist ein verbreitetes Prinzip, vor allem im internationalen Marktgeschehen. Zertifikate haben zudem Bedeutung im Zusammenhang mit öffentlichen Auftraggebern bestimmter Marktsektoren, die von ihren Lieferanten einen solchen Nachweis verlangen können.[3] Zertifikate nach QM-Normen stehen für den prinzipiellen Nachweis der Eignung eines Managementsystems und damit eines Unternehmens, einen Auftrag abwickeln zu können. Zertifikate nach QM-Normen stehen für den prinzipiellen Nachweis der Eignung eines Managementsystems und damit eines Unternehmens, einen Auftrag abwickeln zu können.

In diesem Rahmen steht die Wirksamkeit der QM-Systeme unter ständiger Kontrolle. Durch den Einsatz von Qualitätspolitik und -zielen, Auditergebnissen, Datenanalysen, Korrektur- und Vorbeugungsmaßnahmen sowie Managementbewertungen müssen QM-Systeme ständig

---

1 Nach: Zollondz, Hans-Dieter: Grundlagen Qualitätsmanagement. Einführung in Geschichte, Begriffe, Systeme und Konzepte. (Oldenbourg Wissenschaftsverlag 2002: 347).

2 Nach: Zollondz, Hans-Dieter: Grundlagen Qualitätsmanagement. Einführung in Geschichte, Begriffe, Systeme und Konzepte. (Oldenbourg Wissenschaftsverlag 2002: 349).

3 Vgl.: Burghardt, Manfred: Projektmanagement. Leitfaden für die Planung, Überwachung, und Steuerung von Entwicklungsprojekten (Publicis Corporate Publishing 2006: 406).

verbessert werden.[4] Qualitätsoptimierungen wirken der Verschaffung nicht erwarteter Nutzen oder sogar Schäden auf Seiten der Anwender entgegen.[5] Entsprechend existieren Rechtsgrundlagen zu Qualität und Haftung, die nebeneinander wirksam werden können. Dazu zählen das Vertragsrecht im Recht der Schuldverhältnisse, das Produkthaftungsgesetz, das Recht der unerlaubten Handlung i.S.v. Deliktsrecht sowie die Gefährdungshaftung.[6] Im Zuge der Globalisierung gewinnen zunehmend internationale Vorschriften an Bedeutung[7] und stehen neben der Fehler- und Mängelbetrachtung in der deutschen Rechtssprechung. Dies ist insbesondere im Marktsektor der Lenkflugkörpersysteme relevant, da die Folgen von Mängeln und Fehlern immense Konsequenzen haben. QM und QM-Systeme dienen der Vermeidung von Fehlern i.S.e. Nichterfüllung von Forderungen oder i.S.v. Mängeln. Mängel beschreiben Fehler in Bezug auf einen beabsichtigten oder festgelegten Gebrauch. Ein umfassendes QM soll zudem die Effizienz und Effektivität steigern.[8] Effizienz- und Effektivitätsveränderungen sind über Kennzahlen oder Schätzungen zu erfahren. Das „Schätzen ist ein komplexes Unterfangen, und die Gründe, die für unsere schlechten Schätzungen verantwortlich sind, sind vielfältig."[9] Darauf basierend liegt das

---

4 Vgl.: Burghardt, Manfred: Projektmanagement. Leitfaden für die Planung, Überwachung, und Steuerung von Entwicklungsprojekten (Publicis Corporate Publishing 2006: 410).

5 Vgl. Geiger, W./ Kotte, W.: „Handbuch Qualitätsmanagement, Grundlagen und Elemente des Qualitätsmanagements: Systeme - Perspektiven", 2005, S. 126.

6 Vgl.: Geiger, Walter; Kotte, Willi: Handbuch Qualitätsmanagement. Grundlagen und Elemente des Qualitätsmanagements: Systeme - Perspektiven (Vieweg & Sohn Verlag/ GWV Fachverlage GmbH 2005: 126).

7 Vgl.: Zwettler, Robert: Kennzahlen Trainer. (Rudolf Haufe Verlag GmbH & Co KG 2007: 18).

8 Vgl.: Geiger, Walter; Kotte, Willi: Handbuch Qualitätsmanagement. Grundlagen und Elemente des Qualitätsmanagements: Systeme - Perspektiven (Vieweg & Sohn Verlag/ GWV Fachverlage GmbH 2005: 211).

9 Nach deMarco, Tom: „Was man nicht essen kann, kann man nicht kontrollieren." (mitp- Verlag 2004: 33).

Augenmerk der vorliegenden Arbeit auf Metriken. Kennzahlen stellen in diesem Zusammenhang eine wichtige Entscheidungsgrundlage dar, sofern sie nicht isoliert, sondern als Teil eines Ganzen betrachtet werden.[10] Welche Kennzahlen die richtigen zur Messung der Effizienz und Effektivität von KM und QM eines Unternehmens sind, muss anhand der jeweiligen Unternehmensspezifika individuell bestimmt werden.

Ziel der Arbeit sind Metriken, die sowohl Effektivitäts- als auch Effizienzkennzahlen enthalten. Dadurch können der Status Quo festgestellt und Zeitvergleiche hinsichtlich Veränderungen realisiert werden. Diese Veränderungen stehen i.S.d. kontinuierlichen Verbesserungsprozesses des QM unter dem Zeichen der Steigerung von Effizienz und Effektivität. Somit sind die Metriken Grundlage zur Erstellung strategischer Maßnahmen im Rahmen eines kontinuierlichen Verbesserungsprozesses.

Die ermöglichte Bewertung der Effizienz und Effektivität von KM- und QM-Verfahren soll die Gesamtunternehmenseffizienz und -effektivität steigern und somit einen Beitrag zur Steigerung der Wettbewerbsfähigkeit leisten.

Im Rahmen der vorliegenden Abhandlung werden zunächst in Teil I Vorüberlegungen zu den grundlegenden Begriffen, der Unternehmenssituation sowie zu klassischen Kennzahlensystemen und Metriken getätigt, um einen Überblick zu geben. Im anschließenden Teil II werden für das Thema relevante Kennzahlen betrachtet. Darin sind eine Betrachtung der Systematik der Kennzahlen und allgemeine Kennzahlen, Projektkennzahlen sowie Kennzahlen zum KM und QM enthalten. Der abschließende Teil III befasst sich mit den im Rahmen dieser Arbeit zu erstellenden Metriken zur Messung von Effizienz und Effektivität von KM- und QM-Verfahren. Dazu werden aus den zuvor aufgezeigten

---

10 Vgl.: Zwettler, Robert: Kennzahlen Trainer. (Rudolf Haufe Verlag GmbH & Co KG 2007: 6).

Kennzahlen besonders geeignete ausgewählt. Der Teil III, und damit diese Arbeit, endet mit einem Fazit und Ausblick.

Im Rahmen der vorliegenden Abhandlung werden zunächst in Teil I Vorüberlegungen zu den grundlegenden Begriffen, der Unternehmenssituation sowie zu klassischen Kennzahlensystemen und Metriken getätigt, um einen Überblick zu geben. Im anschließenden Teil II werden für das Thema relevante Kennzahlen betrachtet. Darin sind eine Betrachtung der Systematik der Kennzahlen und allgemeine Kennzahlen, Projektkennzahlen sowie Kennzahlen zum KM und QM enthalten. Der abschließende Teil III befasst sich mit den im Rahmen dieser Arbeit zu erstellenden Metriken zur Messung von Effizienz und Effektivität von KM- und QM-Verfahren. Dazu werden aus den zuvor aufgezeigten Kennzahlen besonders geeignete ausgewählt. Der Teil III, und damit diese Arbeit, endet mit einem Fazit und Ausblick.

2. Motivation und Zielsetzung

Die vorliegende Arbeit befasst sich mit dem Thema Metriken zur Messung von Effizienz und Effektivität von KM- und QM-Verfahren. Die Motivation hierzu liegt in der aktuell aufkommenden Nachfrage in Unternehmen der verschiedensten Branchen.

Die Erstellung von Metriken zur Messung von Effizienz und Effektivität von KM- und QM-Verfahren soll die Festlegung von Schwellenwerten im Zusammenhang mit der jährlichen Kostenkalkulation erleichtern. Dies soll die Planung für das nächste Jahr bzw. die nächsten Projekte vereinfachen und es soll ermöglichen, auf konkrete Anhaltspunkte zurückgreifen zu können.

Erforderlich sind Metriken zur Messung von Effizienz und Effektivität, da andere Unternehmensbereiche und -abteilungen zwar wissen, dass es KM und QM gibt, jedoch nicht immer den Sinn und Zweck, die Notwendigkeit der Ausgaben sowie deren Aufgaben genau bestimmen können. KM und QM können keine konkreten Outputs wie Fertigerzeugnisse der Produktion vorweisen und kämpfen daher stets um ihre Legitimation für materielle und personelle Ressourcen. Auch Zeitverschiebungen aufgrund von prüfenden Aktivitäten der beiden Bereiche sowie die in diesem Rahmen festgestellten Beanstandungen treffen auf Unverständnis in anderen Abteilungen. Durch die Metriken zur Messung von Effizienz und Effektivität soll unter anderem dem skeptischen Blick der anderen Abteilungen auf KM und QM begegnet sowie die Bedeutung der Aufgabenbereiche aufgezeigt werden.

Die Metriken stellen aus Sicht dieser Arbeit einen Beitrag zur Sicherung der inneren Funktionalität im Zusammenhang mit ihrer Anwendung dar. Zudem sind Effizienz- und Effektivitätskennzahlen ein wesentliches Element des kontinuierlichen Verbesserungsprozesses. Dieser bezieht sich auf das gesamte Unternehmen und fordert jedoch von jeder

Abteilung Verbesserungsaktivitäten. Um Verbesserungen realisieren zu können, muss zunächst der Ist-Stand als Basis erhoben werden.

Neben diesen Zielen stehen der Erhalt und die Steigerung der Wettbewerbsfähigkeit durch gezielte Reaktionen auf die Effizienz- und Effektivitätsbetrachtung von KM und QM.

Teil I: Vorbetrachtung

3. Begriffliche Grundlagen

3.1. *Effizienz und Effektivität*

Effiziente Leistungserstellung wird von Unternehmen jeder Branche gefordert. Sowohl die Gesamtunternehmensebene als auch die einzelnen Unternehmensbereiche sollen demnach ihre Aktivitäten an Effektivitäts- und Effizienzzielen ausrichten.[11] Entscheidend ist hierbei das Zusammenspiel der beiden. Denn solange keine Bewertung durch den Markt vorliegt, „ist es keineswegs sicher, ob die innerbetrieblichen Leistungen, die unter Umständen mit hoher Effizienz erstellt wurden, im Hinblick auf die Unternehmensziele wirklich einen Nutzen haben."[12] So liegt bei effizienter Ausführung falscher So liegt bei effizienter Ausführung immer noch Verschwendung vor. Das bedeutet, dass ein Prozess das Kriterium der Effektivität erfüllt, sofern er der Zielerreichung dient. Er ist „aber nur dann effizient, wenn dies bei geringstem Mittelaufwand geschieht."[13] Die Effizienz versucht die Frage zu beantworten, ob effektiv gehandelt wird oder wurde.[14]

---

11 Vgl.: Gauglitz-Lüter, Susanne: Effektivitäts- und effizienzorientiertes Forschungs- und Entwicklungsmanagement. (Josef Eul Verlag 1998: 121).

12 Nach: Gladen, Werner: Kennzahlen- und Berichtssysteme. Grundlagen zum Performance Measurement. (Gabler Verlag 2003: 62).

13 Nach: Karlöf, Bengt: Effizienz. Die Balance zwischen Kundennutzen und Produktivität (Carl Hanser Verlag 1999: 7).

14 Vgl.: Gauglitz-Lüter, Susanne: Effektivitäts- und effizienzorientiertes Forschungs- und Entwicklungsmanagement. (Josef Eul Verlag 1998: 125).

Abbildung 1: Effizienz und Effektivität

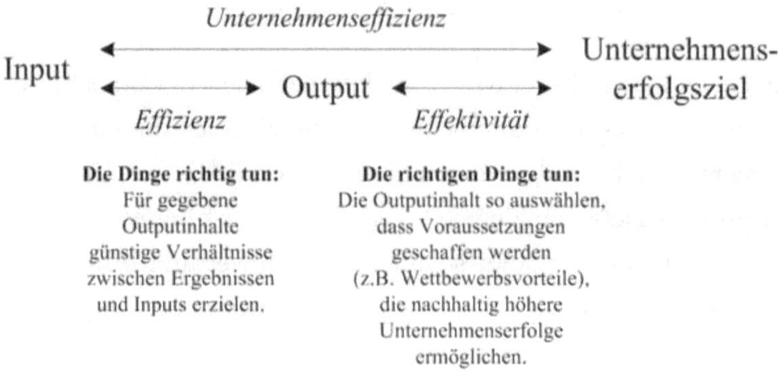

Quelle: Nach: Gladen, W.: „Kennzahlen- und Berichtssysteme. Grundlagen zum Performance Measurement." 2., überarbeitete Auflage. (2003: 63).

3.1.1. Effizienz

Effizienz liegt vor, sofern „das Sachziel, ein definierter ‚Output', mit geringstem Mitteleinsatz erreicht wird".[15] Im Sinne ressourcenorientierter Wirksamkeit bezieht sie sich auf Wirtschaftlichkeit und Produktivität im Rahmen der Leistungserstellung. Der Wirtschaftlichkeit liegen Wertgrößen zugrunde.[16] Sie bezeichnet monetär bewertete Output-Input-Relationen wie z.B. die Gesamtkapitalrentabilität. Die Produktivität dagegen umschreibt mengenmäßig ausgedrückte Input-Output-Relationen wie z.B. lackierte Produkte pro Stunde Arbeitskraft.[17]

---

15 Nach: Gladen, Werner: Kennzahlen- und Berichtssysteme. Grundlagen zum Performance Measurement. (Gabler Verlag 2003: 63).

16 Vgl.: Gladen, Werner: Kennzahlen- und Berichtssysteme. Grundlagen zum Performance Measurement. (Gabler Verlag 2003: 62).

17 Vgl.: Gauglitz-Lüter, Susanne: Effektivitäts- und effizienzorientiertes Forschungs- und Entwicklungsmanagement. (Josef Eul Verlag 1998: 126).

Abbildung 2: Gleichung zur Produktivität

$$\textit{Produktivität} = \frac{\textit{Zwischenleistungsmengen}}{\textit{Faktoreinsatzmengen (Input)}} * \frac{\textit{Faktorausbringungsmengen (Output)}}{\textit{Zwischenleistungsmengen}}$$

$$= \textit{Effizienz} * \textit{Effektivität}$$

Quelle: Nach: Gladen, W.: „Kennzahlen- und Berichtssysteme. Grundlagen zum Performance Measurement." 2., überarbeitete Auflage. (2003: 64).

Die Effizienz drückt das „Verhältnis zwischen dem erreichten Ergebnis und den eingesetzten Ressourcen"[18] aus. Es stehen sich unter anderem Leistung und Kosten gegenüber. Ihre Messung ist schwierig. Das Benchmarking stellt jedoch ein wirksames Instrument dar.[19]

Aus einem effizienten Arbeitsprozess geht ein Produkt hervor, das zu relativ geringen Kosten in relativ kurzer Zeit unter zu Hilfenahme sachlich geeigneter Ressourcen bei optimaler Nutzung der Entwicklungskapazität entwickelt wurde und daher ein relativ akzeptables Risiko aufweist. Es hat ein relativ hohes Transferpotential bzgl. gegenwärtiger und/ oder zukünftiger Entwicklungsprojekte und nutzt Synergieeffekte.[20] Damit sind die Reduzierung von Entwicklungskosten und die Vermeidung von Verschwendung knapper betrieblicher Ressourcen ein wichtiger Ansatzpunkt zur Effizienzsteigerung.

3.1.2. Effektivität

Die auf Leistungsverwertung bezogene Effektivität beschreibt den gezielten Einsatz „der knappen unternehmerischen Ressourcen"[21] für die richtigen Projekte. Sie gibt Auskunft über die Wirksamkeit eines Ansat-

---

18 Nach: DIN EN ISO 9000: Qualitätsmanagementsystem - Grundlagen und Begriffe (ISO 9000:2005), 3.2.15. (Beuth Verlag GmbH Dezember 2005: 22).

19 Vgl.: Karlöf, Bengt: Effizienz. Die Balance zwischen Kundennutzen und Produktivität (Carl Hanser Verlag 1999: 36).

20 Vgl.: Gauglitz-Lüter, Susanne: Effektivitäts- und effizienzorientiertes Forschungs- und Entwicklungsmanagement. (Josef Eul Verlag 1998: 126).

21 Nach: Gauglitz-Lüter, Susanne: Effektivitäts- und effizienzorientiertes Forschungs- und Entwicklungsmanagement. (Josef Eul Verlag 1998: 123).

zes hinsichtlich der vorgegebenen Aufgaben und Ziele.[22] Die Effektivität bezeichnet somit die generelle Eignung einer Maßnahme zur Erfüllung eines bestimmten Zwecks oder Ziels. Im Rahmen der Effektivitätsbetrachtung wird die Wettbewerbsfähigkeit berücksichtigt sowie der Output derart festgelegt, dass „nachhaltig gute Gewinne erzielt werden können."[23]

Zur Messung von Effektivität werden die „im Rahmen der Strategie manifestierten Ziele bzw. die Erwartungen des Innovators mit dem tatsächlichen Ergebnis der Produktentwicklung"[24] verglichen. Soll-Ist-Vergleiche weisen im Ergebnis auf Kosten-, Zeit-, Leistungsabweichungen hin und ermöglichen Rückschlüsse auf das Maß der Zufriedenheit.

Eine Effektivitätssteigerung tritt langfristig durch eine „Verbesserung der Wettbewerbsstellung der Unternehmung durch eine kundenorientierte Gestaltung der Geschäftsfelder, der Technologien, Produkte und Projekte"[25] auf. Effektivität kann auch auf interne Leistungen eingehen und die Frage beantworten, „ob von Bereichen erstellte interne Leistungen, die Ziele auf der Unternehmensebene (z.B. den Gewinn) positiv beeinflussen bzw. zu den Unternehmenszielen in einer Zweck-Mittel-Beziehung oder Ursache-Wirkung-Beziehung stehen."[26] Ein effektiver Entwicklungsprozess führt zu einem Produkt, das vom Kunden als wertvoll erachtet wird und in einem attraktiven Preis-Leistungs-Verhältnis steht. Dadurch können Wettbewerbsvorteile erzielt werden.

---

22 Vgl.: Brauer, Jörg-Peter; Kamiske, Gerd F.: Qualitätsmanagement von A bis Z. Erläuterungen moderner Begriffe des Qualitätsmanagements (Carl Hanser Verlag 2006: 135).

23 Nach: Gladen, Werner: Kennzahlen- und Berichtssysteme. Grundlagen zum Peformance Measurement. (Gabler Verlag 2003: 63).

24 Nach: Gauglitz-Lüter, Susanne: Effektivitäts- und effizienzorientiertes Forschungs- und Entwicklungsmanagement. (Josef Eul Verlag 1998: 124).

25 Nach: Gauglitz-Lüter, Susanne: Effektivitäts- und effizienzorientiertes Forschungs- und Entwicklungsmanagement. (Josef Eul Verlag 1998: 124).

26 Nach: Gladen, Werner: Kennzahlen- und Berichtssysteme. Grundlagen zum Performance Measurement. (Gabler Verlag 2003: 64).

Zudem entspricht es den Zielen und Strategien des Unternehmens hinsichtlich Markteinführungs- bzw. Markteintrittszeitpunkt, so dass es plangemäß oder sogar -übertreffend verkauft werden kann.[27]

Zusammenfassend wird deutlich, dass die Sicherung der langfristigen Überlebensfähigkeit eines Unternehmens der Betrachtung und Steuerung aus den Blickwinkeln der Effektivität und Effizienz bedarf. Dabei dürfen Effektivität und Effizienz nicht von einander getrennt betrachtet werden, da sie einander bedingen. Zudem weisen sie gemeinsame Zielgrößen wie z.B. Wettbewerbsstellung, Ergebnis, Umsatz, Zeiten, Qualität und Kosten auf.[28]

3.2. Kennzahlen, Kennzahlensysteme und Metriken

3.2.1. Kennzahlen

Kennzahlen als spezielle Indikatoren sind Messwerte in Beziehung gesetzter Zahlen. Sie machen „zu einem bestimmten Berichtszeitpunkt eine Aussage über die geplante oder tatsächliche Ausprägung eines Merkmals eines Steuerungsobjektes."[29] Ihre Funktion geht über zahlenmäßig ausgedrückte Beobachtungen hinaus. Sie sind vielmehr „quantitative bzw. quantitativ erfassbare Sachverhalte in konzentrierter Form,"[30] die den spezifischen Bedürfnissen der Unternehmensanalyse und -steuerung angepasst worden sind und als willentlich stark verdichtete Messgrößen über einen zahlenmäßig erfassbaren Sachverhalt berichten.

---

27 Vgl.: Gauglitz-Lüter, Susanne: Effektivitäts- und effizienzorientiertes Forschungs- und Entwicklungsmanagement. (Josef Eul Verlag 1998: 124).

28 Vgl.: Gauglitz-Lüter, Susanne: Effektivitäts- und effizienzorientiertes Forschungs- und Entwicklungsmanagement. (Josef Eul Verlag 1998: 126-127).

29 Nach: Kütz, Martin: IT-Steuerung mit Kennzahlensystemen (dpunkt.verlag GmbH 2006: 249).

30 Nach: Jankulik, Ernst; Kuhlang, Peter; Piff, Roland: Projektmanagement und Prozessmessung. Die Balanced Scorecard im projektorientierten Unternehmen (Publics Corporate Publishing 2005: 124).

Kennzahlen ermöglichen verschiedenen Zielgruppen die Bewertung der Qualität der inspizierten Produkte und Prüfprozesse. Sie dienen zudem der entscheidungsorientierten Steuerung des Unternehmens hinsichtlich der Planung und Kontrolle durch Eliminieren irrelevanter Daten. Des Weiteren geben sie Feedbacks über Entwicklungen und regen zur Kontrolle an.[31]

Grundsätzlich ermöglichen Kennzahlen unter anderem

- die Festlegung von Unternehmenszielen,
- die Beurteilung der Unternehmensentwicklung im Zeitablauf sowie
- einen Vergleich innerhalb der Branche oder mit anderen Unternehmen.[32]

Eine Kennzahl kann dabei jedoch nicht alle Aspekte abdecken. Vielmehr muss sich jede Kennzahl auf einen Aspekt des Ganzen beschränken.[33] Erst im Vergleich erhalten alle Kennzahlen ihre volle Aussagekraft.[34]

Um Kennzahlen zu bilden, werden Informationen aufgenommen, verarbeitet und ausgewählt. Kennzahlen werden dabei von unternehmeri-

---

31 Vgl. Gladen, Werner: Kennzahlen- und Berichtssysteme. Grundlagen zum Performance Mearusrement (Gabler Verlag 2003: 13, 26).

32 Vgl.: Külpmann, Bernd: Kennzahlen im Betrieb. Wichtige Werte im Wettbewerb. (Cornelsen Verlag Scriptor GmbH & Co. KG 2006: 8-11).

33 Nach: Karlöf, Bengt: Effizienz. Die Balance zwischen Kundennutzen und Produktivität (Carl Hanser Verlag 1999: 120).

34 Vgl.: Probst, Hans-Jürgen: Kennzahlen leicht gemacht. Richtig anwenden und interpretieren. (Redline Wirtschaft, Redline GmbH 2006: 36).

schen Zielen und Aufgaben abgeleitet.[35] Nach moderner Auffassung werden absolute und relative Kennzahlen unterschieden.[36]

Abbildung 3: Moderne Klassifizierung von Kennzahlen

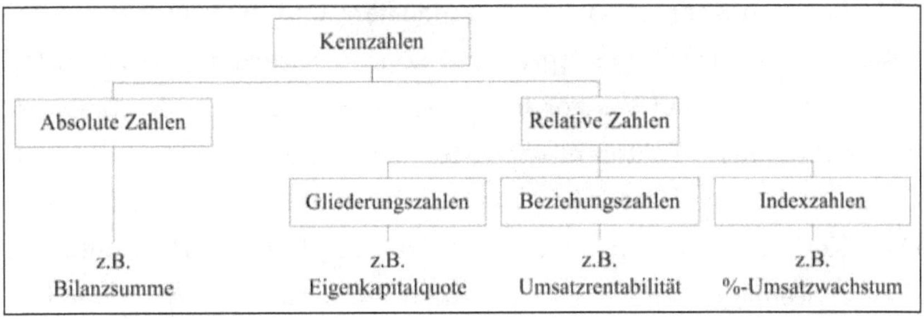

Quelle: Nach: Gladen, W.: „Kennzahlen- und Berichtssysteme. Grundlagen zum Performance Measurement." 2., überarbeitete Auflage. (2003: 17).

Absolute Kennzahlen werden ohne weitere Berechnungen direkt aus der Bilanz, der Gewinn- und Verlustrechnung oder anderen Unterlagen entnommen. Sie geben unmittelbar Auskunft über die Größe des Systems.[37]

Relative Zahlen sind in Beziehung gesetzte absolute Zahlen. Sie werden in Gliederungs-, Beziehungs- und Indexzahlen unterteilt.[38] Bei Gliederungszahlen wird eine Gesamtgröße in Teilgrößen zergliedert und zur Gesamtgröße in Beziehung gesetzt. Beziehungszahlen beschreiben das Verhältnis zweier gleichrangiger, aber wesensverschiedener Größen mit Bezug auf denselben Zeitpunkt und -raum. Indexzahlen werden durch das Verhältnis von Zahlen mit gleichen Maßeinheiten aus verschiede-

35 Vgl.: Vollmuth, Hilmar J.: Kennzahlen. (Rudolf Haufe Verlag GmbH & Co KG 2002: 19-20).

36 Vgl.: Jankulik, Ernst; Kuhlang, Peter; Piff, Roland: Projektmanagement und Prozessmessung. Die Balanced Scorecard im projektorientierten Unternehmen (Publics Corporate Publishing 2005: 123).

37 Vgl.: Jankulik, Ernst; Kuhlang, Peter; Piff, Roland: Projektmanagement und Prozessmessung. Die Balanced Scorecard im projektorientierten Unternehmen (Publics Corporate Publishing 2005: 124).

38 Vgl.: Külpmann, Bernd: Kennzahlen im Betrieb. Wichtige Werte im Wettbewerb. (Cornelsen Verlag Scriptor GmbH & Co. KG 2006: 7-8).

nen Perioden und zu unterschiedlichen Zeitpunkten gebildet. Sie ermöglichen die Aufzeichnung zeitlicher Entwicklungen, sofern der Ausgangswert des Basisjahres repräsentativ ist.[39]

Mit Hilfe von Kennzahlen werden monetäre und nicht monetäre Prozesse dargestellt.[40] Dementsprechend können Kennzahlen nach harten und weiche Faktoren kategorisiert werden. Harte Kennzahlen beschreiben quantitative Faktoren wie z.B. finanzielle Tatbestände, Input-Output-Relationen, Produktivitäten und Umsatzkennzahlen. Die weichen Kennzahlen als qualitative Faktoren beschreiben unter anderem die Servicequalität, die Mitarbeitermotivation, die Effektivität der Unternehmensorganisation und die Innovationsfähigkeit des Unternehmens.[41]

3.2.2. Kennzahlensysteme

Kennzahlensysteme sind „eine Zusammenstellung von quantitativen Variablen."[42] Sie sind Sie sind „eine Liste von Kennzahlen, die zu einem bestimmten Berichtszeitpunkt eine Aussage über den geplanten oder tatsächlichen Zustand eines Steuerungsobjekts macht."[43] In Kennzahlensystemen werden den einzelnen Kennzahlen bestimmte Sachverhalte zugeordnet.

---

39 Vgl.: Jankulik, Ernst; Kuhlang, Peter; Piff, Roland: Projektmanagement und Prozessmessung. Die Balanced Scorecard im projektorientierten Unternehmen (Publics Corporate Publishing 2005: 124).

40 Vgl.: Friedag, Herwig R.; Schmidt, Walter: Balanced Scorecard. Mehr als ein Kennzahlensystem. (Haufe-Verl. Gruppe 2000: 47).

41 Vgl.: Probst, Hans-Jürgen: Kennzahlen leicht gemacht. Richtig anwenden und interpretieren. (Redline Wirtschaft, Redline GmbH 2006: 22).

42 Nach: Brauer, Jörg-Peter; Kamiske, Gerd F.: Qualitätsmanagement von A bis Z. Erläuterungen moderner Begriffe des Qualitätsmanagements (Carl Hanser Verlag 2006: 198).

43 Nach: Kütz, Martin: IT-Steuerung mit Kennzahlensystemen (dpunkt.verlag GmbH 2006: 249).

Damit unterstützen Kennzahlensysteme die Zielvorgabe, Koordination, Beschreibung sowie Analyse des Geschehens im Unternehmen[44] und ermöglichen einen bereichsübergreifenden Vergleich. Zu den bekanntesten Kennzahlensystemen gehören das DuPont-System of Financial Control und die Balanced Scorecard (BSC).

Die Führung mit Kennzahlen ist nur möglich, wenn Ist und Soll bestimmt, Maßnahmen erarbeitet, Verantwortlichkeiten und Regelungen zur Motivation festgelegt sind.

Der Aufwand der Erfassung von Kennzahlen kann nur durch ihren Informationsgehalt gerechtfertigt werden.[45]

3.2.3. Metriken

„Metriken sind Algorithmen zur Berechnung von Kennzahlen von Systemen. Oft bezeichnen Metriken die Kennzahlen selber",[46] eine einzelne Kennzahl oder einen bestimmten Typ von Kennzahlen.[47] Im Rahmen der vorliegenden Arbeit wird der Begriff der Metrik synonym mit dem des Kennzahlensystems verwendet.

Da Metriken unter anderem einfache, schnelle und objektive Bewertungen ermöglichen, sind sie bei richtigem Einsatz ein „mächtiges Werk-

---

44 Vgl.: Jankulik, Ernst; Kuhlang, Peter; Piff, Roland: Projektmanagement und Prozessmessung. Die Balanced Scorecard im projektorientierten Unternehmen (Publics Corporate Publishing 2005: 129).

45 Vgl.: Friedag, Herwig R.; Schmidt, Walter: Balanced Scorecard. Mehr als ein Kennzahlensystem. (Haufe-Verl. Gruppe 2000: 62).

46 Nach: Kossak, Olaf: JAVA-Architektur-Management: vier leistungsfähige Werkzeuge vorgestellt. Architektur-Manager. http://entwickler.de/zonen/portale/psecom,id,146,online,1187,.html (12.06.2007, 9:52 Uhr).

47 Vgl.: Kütz, Martin: IT-Steuerung mit Kennzahlensystemen (dpunkt.verlag GmbH 2006: 250).

zeug zur Beurteilung."[48] Bei längerer Anwendung erfassen und dokumentieren sie Verbesserungen der Qualität. Daneben dienen sie

- als Entscheidungsgrundlage,
- zur Erstellung von Prognosen und Statistiken über Projektfortschritt,
- der Kommunikation und
- der Vergleichbarkeit innerhalb einer oder zwischen mehreren Spezifikationen.[49]

Metriken liefern Zahlenwerte, die mit den Qualitätsanforderungen zusammenhängen. Die so ermittelten Anhaltspunkte sagen nichts über den tatsächlichen Projekterfolg aus. „Mit den modernen Werkzeugen ist die Ermittlung von Metrik-Kennzahlen sehr einfach geworden, schwierig geblieben ist die Frage ihrer Interpretation."[50]

3.3. *Konfigurationsmanagement*

International anerkannte Standards für das KM sind die ISO 10007:2003, die ISO 12207:1995 und IEEE Std 828-1998.

---

48 Nach: Recknagel, Matthias; Rupp, Chris: Requirements Management & Engineering. Messbare Qualität in Anforderungsdokumenten (2/ 2006: 17). http://www.apverlag.de/Vertikal/manage_it_Vertikal%20Automotive%202%202006%20Sonderheft.pdf. (19.06.2007, 15:29 Uhr).

49 Vgl.: Recknagel, Matthias; Rupp, Chris: Requirements Management & Engineering. Messbare Qualität in Anforderungsdokumenten (2/ 2006: 12-13). http://www.apverlag.de/Vertikal/manage_it_Vertikal%20.Automotive%202%202006%20Sonderheft.pdf. (19.06.2007, 15:29 Uhr).

50 Nach: Kossak, Olaf: JAVA-Architektur-Management: vier leistungsfähige Werkzeuge vorgestellt. Architektur-Manager. http://entwickler.de/zonen/portale/psecom,id,146,online,1187,.html (12.06.2007, 9:52 Uhr).

1963 entwickelte das US-Militär den 1. KM-Standard für die Entwicklung von Hardware. 1971 wurde Software explizit in den KM-Standard aufgenommen.[51]

3.3.1. Konfiguration

Konfiguration stellt die gegenseitige Anordnung der Elemente einer Einheit dar.[52] Die Konfiguration eines Produktes umfasst „alle tatsächlichen funktionellen und physischen Merkmale".[53] Ihre Beschreibung erfolgt in technischen und anderen Dokumenten, die zusammen die Konfigurationsbeschreibung bilden. Die eindeutige Identifizierung der Versionen und Konfigurationen kann über geeignete Konfigurations- oder Versionsnummern erfolgen.[54]

3.3.2. Konfigurationsmanagement

KM befasst sich mit der Dokumentation der aktuellen, eindeutigen Erfassung der Konfiguration eines Angebotsprodukts.[55] Es beinhaltet „alle technischen, organisatorischen und beschlussfassenden Maßnahmen und Strukturen, die sich mit der Konfiguration (Spezifikation) eines

---

51 Vgl.: Popp, Gunther: Konfigurationsmanagement mit Subversion, Ant und Maven. Ein Praxishandbuch für Softwarearchitekten und Entwickler. (dpunkt.verlag GmbH 2006: 19-21).

52 Vgl.: Geiger, Walter; Kotte, Willi: Handbuch Qualitätsmanagement. Grundlagen und Elemente des Qualitätsmanagements: Systeme – Perspektiven (Vieweg & Sohn Verlag/ GWV Fachverlage GmbH 2005: 297-298).

53 Nach: Projekt Magazin. Das Fachmagazin im Internet für erfolgreiches Projektmanagement. Konfiguration. http://www.projektmagazin.de/glossar/gl-0277.html. (12.06.2007, 9:24 Uhr).

54 Vgl.: Projekt Magazin. Das Fachmagazin im Internet für erfolgreiches Projektmanagement. Konfiguration. http://www.projektmagazin.de/glossar/gl-0277.html. (12.06.2007, 9:24 Uhr).

55 Vgl.: Geiger, Walter; Kotte, Willi: Handbuch Qualitätsmanagement. Grundlagen und Elemente des Qualitätsmanagements: Systeme – Perspektiven (Vieweg & Sohn Verlag/ GWV Fachverlage GmbH 2005: 204).

Produkts befassen."[56] Gegenstand des KM „sind alle Arbeitsergebnisse, die in dokumentierter Form während des Projektablaufs entstehen."[57]

Im KM werden „Entwicklungsprozesse als Änderungsprozesse mit definierten Arbeitsergebnissen"[58] aufgefasst. Darauf basierend wird die Projektabwicklung als Folge kontrollierter Änderungen festgelegt. KM verbindet damit das Produktportfolio mit dem Projektportfolio hinsichtlich der Produktentwicklungsprojekte.[59] Außerhalb des Projektmanagements wird KM i.d.R. dem Qualitätsmanagement (QM) zugeordnet. Es kann aber auch als eigenständige Disziplin existieren.

KM ist bedeutend für den Projekterfolg und ermöglicht eine erfolgreiche und effiziente Teamarbeit. Zusätzlich werden Qualitätsprobleme reduziert, die Produktivität gesteigert und die Projektkontrolle gestärkt. Somit werden typische Mängel in der Zusammenarbeit durch Vorschriften und Richtlinien des KM minimiert.

Änderungen sind leichter zu kontrollieren. Das betrifft unter anderem die Nachvollziehbarkeit von Änderungen unter jeglichen Umständen.

Des Weiteren verbessert KM die Transparenz z.B. durch Einblicke in automatisch ermittelte Metriken und Ergebnisse der automatisierten Testläufe. KM dient somit der Erreichung und Aufrechterhaltung der Integrität von Arbeitsergebnissen.[60]

---

56 Nach: Projekt Magazin. Das Fachmagazin im Internet für erfolgreiches Projektmanagement. Konfigurationsmanagement. http://www.projektmagazin.de/glossar/gl-0278.html. (12.06.2007, 9:17 Uhr).

57 Nach: Burghardt, Manfred: Projektmanagement. Leitfaden für die Planung, Überwachung, und Steuerung von Entwicklungsprojekten (Publicis Corporate Publishing 2006: 505).

58 Nach: Burghardt, Manfred: Projektmanagement. Leitfaden für die Planung, Überwachung, und Steuerung von Entwicklungsprojekten (Publicis Corporate Publishing 2006: 504).

59 Vgl.: Projekt Magazin. Das Fachmagazin im Internet für erfolgreiches Projektmanagement. Konfigurationsmanagement. http://www.projektmagazin.de/glossar/gl-0278.html. (12.06.2007, 9:17 Uhr).

60 Vgl.: V-Modell XT (Version 1.2.0: 7-12).

Die Verwaltung der Konfigurationselemente hat im KM eine besondere Bedeutung, da die Nachvollziehbarkeit der Änderung sowie die Wiederholbarkeit der Produktauslieferung gewährt werden. Im KM-Plan werden nicht nur die Konfigurationselemente dokumentiert sondern alle Entscheidungen, die den KM-Prozess im Projekt betreffen, festgehalten.[61]

Auch wenn KM hinsichtlich der Veränderungen im organisatorischen Bereich verschieden interpretiert wird, besteht generell Übereinstimmung darin, dass KM alle produktbezogenen Spezifikationen umfasst. Unterschiede existieren dahingehend, ob KM auch organisatorische Veränderungen steuern soll oder auf handelsfähige Produkte beschränkt bleibt. Letzteres würde bedeuten, dass das allgemeine Änderungsmanagement und systemische Veränderungsmanagement als Disziplinen neben dem KM stehen.[62]

Das Änderungs- und Fehlermanagement befasst sich mit den Prozessen zum kontrollierten Umgang mit Änderungen und Fehlerkorrekturen in Projekten. Produktänderungen erfordern demnach die Prüfung und Bewertung der möglichen Konsequenzen. Einen geeigneten Ansatzpunkt für das Änderungs- und Fehlermanagement stellt im Projekt die erste Baseline dar.[63]

---

61 Vgl.: Popp, Gunther: Konfigurationsmanagement mit Subversion, Ant und Maven. Ein Praxishandbuch für Softwarearchitekten und Entwickler. (dpunkt.verlag GmbH 2006: 34-42).

62 Vgl.: Projekt Magazin. Das Fachmagazin im Internet für erfolgreiches Projektmanagement. Konfigurationsmanagement. http://www.projektmagazin.de/glossar/gl-0278.html. (12.06.2007, 9:17 Uhr).

63 Vgl.: Popp, Gunther: Konfigurationsmanagement mit Subversion, Ant und Maven. Ein Praxishandbuch für Softwarearchitekten und Entwickler. (dpunkt.verlag GmbH 2006: 49-53).

3.4. *Qualitätsmanagement*

Die Entwicklung von QM basiert unter anderem auf der Fließbandfertigung von Henry Ford, durch die die menschliche Arbeitskraft aufgrund technischer Systeme getaktet wurde. Auch die Neukonzeption der Arbeitsteilung durch Frederick Winslow Taylor war entscheidend. Durch sie wurde die Handarbeit auf Kernfunktionen reduziert und die sie steuernden Elemente an ein Arbeitsbüro delegiert. Zuletzt ist die Qualitätsregelkarte von Walter Andrew Shewhart hervorzuheben. Sie ermöglicht die Kontrolle von Qualität basierend auf statistischen Verfahren.[64]

3.4.1. Qualität

Qualität beschreibt den „Grad, in dem ein Satz inhärenter Merkmale Anforderungen erfüllt."[65] Vom lateinischen Qualitas abgeleitet, beschreibt Qualität das Verhältnis zu Dingen oder Prozessen zusätzlich zu der Beschaffenheit.[66] Beschaffenheit bezieht sich auf die „Gesamtheit der Merkmale und Merkmalswerte, die zur Einheit selbst gehören"[67] und die an das Produkt gestellten Anforderungen bezeichnen. Qualität beschreibt die Relation zwischen der realisierten Beschaffenheit und den gestellten Qualitätsforderungen. Sie umfasst „alle Merkmale von Produkten oder Dienstleistungen, die die ausdrücklichen oder unausgesprochenen Bedürfnisse interner Verbraucher, des Vertriebs oder an-

---

64 Vgl.: Zollondz, Hans-Dieter: Grundlagen Qualitätsmanagement. Einführung in Geschichte, Begriffe, Systeme und Konzepte. (Oldenbourg Wissenschaftsverlag 2002: 44-45).

65 Nach: DIN EN ISO 9000: Qualitätsmanagementsystem – Grundlagen und Begriffe (ISO 9000:2005), 3.1.1 (Beuth Verlag GmbH Dezember 2005: 18).

66 Vgl.: Zollondz, Hans-Dieter: Grundlagen Qualitätsmanagement. Einführung in Geschichte, Begriffe, Systeme und Konzepte. (Oldenbourg Wissenschaftsverlag 2002: 9).

67 Nach: Geiger, Walter; Kotte, Willi: Handbuch Qualitätsmanagement. Grundlagen und Elemente des Qualitätsmanagements: Systeme – Perspektiven (Vieweg & Sohn Verlag/ GWV Fachverlage GmbH 2005: 3-5).

derer Kunden und Endverbraucher erfüllen.[68] Diese Erwartungen sind subjektiver Natur. Daher stellt die Messbarkeit ein grundsätzliches Problem dar, sofern keineexakten technischen Bewertungen gegeben sind.[69]

Zudem ist zu beachten, dass die Qualitätswissenschaft nach Zollondz ein interdisziplinäres Fachgebiet ist. Jeweils unabhängige Disziplinen greifen qualitätsrelevante Fragestellungen auf und betrachten sie in Abhängigkeit von ihrer jeweiligen Theorie und Methodologie.[70]QM ist eine fachübergreifende Teilaufgabe des Managements und beschreibt „aufeinander abgestimmte Tätigkeiten zum Leiten und Lenken einer Organisation bzgl. Qualität."[71]

3.4.2. Qualitätsmanagement

QM bezeichnet „alle Tätigkeiten, Führungsaufgaben und Methoden, die zur Planung, Sicherung, Verbesserung und Prüfung der Qualität eines Produktes oder einer Dienstleistung gehören"[72] und zur Erfüllung der Kundenanforderungen beitragen. So sind sämtliche Tätigkeiten und Abläufe auf die internen und externen Kunden auszurichten.[73] QM umfasst alle notwendigen aufeinander abgestimmten Aktivitäten, um ein

---

68 Nach: Karlöf, Bengt: Effizienz. Die Balance zwischen Kundennutzen und Produktivität (Carl Hanser Verlag 1999: 42).

69 Vgl.: Brauer, Jörg-Peter; Kamiske, Gerd F.: Qualitätsmanagement von A bis Z. Erläuterungen moderner Begriffe des Qualitätsmanagements (Carl Hanser Verlag 2006: 171).

70 Vgl.: Zollondz, Hans-Dieter: Grundlagen Qualitätsmanagement. Einführung in Geschichte, Begriffe, Systeme und Konzepte. (Oldenbourg Wissenschaftsverlag 2002: 37).

71 Nach: DIN EN ISO 9000: Qualitätsmanagementsystem – Grundlagen und Begriffe (ISO 9000:2005), 3.2.8 (Beuth Verlag GmbH Dezember 2005: 21).

72 Nach: Projekt Magazin. Das Fachmagazin im Internet für erfolgreiches Projektmanagement. Qualitätsmanagement. http://www.projektmagazin.de/glossar/gl-0344.html. (12.06.2007, 9:37 Uhr).

73 Vgl.: Jankulik, Ernst; Kuhlang, Peter; Piff, Roland: Projektmanagement und Prozessmessung. Die Balanced Scorecard im projektorientierten Unternehmen (Publics Corporate Publishing 2005: 73).

Unternehmen hinsichtlich Qualität zu leiten und lenken, sowie die zugehörigen Hilfsmittel.[74]

QM soll zur Verbesserung der Qualität beitragen. In diesem Zusammenhang sind die Teilbereiche der Qualitätsverbesserung zu betrachten:

- Qualitätsförderung: Verbessern der Qualitätsfähigkeit;
- Qualitätssteigerung: Verschärfen einer Qualitätsforderung durch Hinzufügen von Einzelforderungen;
- Qualitätserhöhung: Nutzen von Erfolgen durch ein umfassendes QM.[75]

QM dient der Vermeidung von Fehlern und Mängeln sowie zur Verbesserung von Effektivität und Effizienz, um die Erfolgsaussichten für das Unternehmen positiv zu beeinflussen.

Entscheidend für die erfolgreiche Gestaltung eines QM-Systems zur Qualitätsverbesserung ist die Einbindung jeden QM-Elements und jedes QM-Prozesses in die Organisationsstruktur.[76] QM muss durch die oberste Leitung vorgelebt werden. Zudem ist jeder Mitarbeiter für Qualität und QM (mit-) verantwortlich.

Durch QM-Zertifikate zur Einhaltung bestimmter Normen können Unternehmen ihre Qualitätsfähigkeit gegenüber Auftraggebern oder Zertifizierungsstellen darstellen. Weltweite Geltung haben die Normen der International Standardization Organization (ISO). Sie ist branchenüber-

---

74 Vgl.: Geiger, Walter; Kotte, Willi: Handbuch Qualitätsmanagement. Grundlagen und Elemente des Qualitätsmanagements: Systeme – Perspektiven (Vieweg & Sohn Verlag/ GWV Fachverlage GmbH 2005: 23).

75 Vgl.: Geiger, Walter; Kotte, Willi: Handbuch Qualitätsmanagement. Grundlagen und Elemente des Qualitätsmanagements: Systeme – Perspektiven (Vieweg & Sohn Verlag/ GWV Fachverlage GmbH 2005: 169-170).

76 Vgl.: Geiger, Walter; Kotte, Willi: Handbuch Qualitätsmanagement. Grundlagen und Elemente des Qualitätsmanagements: Systeme – Perspektiven (Vieweg & Sohn Verlag/ GWV Fachverlage GmbH 2005: 213-214).

greifend die bedeutendste Institution für die Herausgabe von Weltnormen. Ihre ISO 9000-Familie dient der „Bereitstellung einer international geltenden und anerkannten normativen Grundlage für die Darlegung der Qualitätsfähigkeit des QM-Systems."[77] Auf europäischer Ebene sind das Europäische Komitee für Normung und das Europäische Komitee für elektrotechnische Normung bedeutend. Auf nationaler Ebene sind die Zielnormen des Deutschen Instituts für Normung e.V. (DIN richtungsweisend). Entsprechend hat die DIN EN ISO 9000:2000-12 nationale (DIN), europäische (EN) und weltweite (ISO) Geltung. Dennoch gibt es keine genormten QM-Systeme. Es existieren Normen als Anforderungen i.S.v. Spezifikationen zum Aufbau eines spezifischen QM-Systems, das unternehmensspezifisch mittel Qualitätspolitik umgesetzt wird.[78] Auch ein einheitliches QM-Verständnis gibt es derzeit nicht. Gemein haben alle Modelle

- Prozesse: Kern-, Führungs-, Supportprozesse und ihre Qualitätsfähigkeit;
- Management: Qualitätspolitik sowie die daraus abgeleiteten Qualitätsziele, die Bereitstellung und Planung der erforderlichen Ressourcen, die Einbindung in QM;
- Ressourcen: materielle und immaterielle Ressourcen;
- Mitarbeiter: Entwicklung von Qualitätsbewusstsein;
- Kunden: Ableitung von Qualitätsforderungen;

---

77 Nach: Geiger, Walter; Kotte, Willi: Handbuch Qualitätsmanagement. Grundlagen und Elemente des Qualitätsmanagements: Systeme – Perspektiven (Vieweg & Sohn Verlag/ GWV Fachverlage GmbH 2005: 182-183).

78 Vgl.: Zollondz, Hans-Dieter: Grundlagen Qualitätsmanagement. Einführung in Geschichte, Begriffe, Systeme und Konzepte. (Oldenbourg Wissenschaftsverlag 2002: 242-245).

- Verbesserung: kontinuierlicher Verbesserungsprozess und Beseitigung von Verschwendung.[79]

[79] Vgl.: Zollondz, Hans-Dieter: Grundlagen Qualitätsmanagement. Einführung in Geschichte, Begriffe, Systeme und Konzepte. (Oldenbourg Wissenschaftsverlag 2002: 189-192).

4. Unternehmenssituation

4.1. Marktsituation

Die wirtschaftliche Situation ist derzeit gekennzeichnet durch verschärften Wettbewerb - dieser beschränkt sich nicht mehr nur auf das Produzierte, er erfasst zunehmend qualitative Aspekte. Diese sind nicht mehr nur als begleitend einzuschätzen, sondern stellen eines der Hauptaugenmerke der Unternehmen dar. Von der Servicepolitik über die Qualität der Verwaltung bis zur Qualitätssicherung der Produktionsprozesse und damit der Endprodukte reicht hierbei die Bandbreite. Im Zusammenhang mit dem deutlich gebremsten weltwirtschaftlichen Expansionstempo und der allgemein größer gewordenen Verunsicherung an den internationalen Finanzmärkten infolge der verschärften Krise[80] werden weitere Kriterien zur Auswahl von Lieferanten und Subunternehmen hinzugezogen. Die dämpfenden Einflüsse vom Außenhandel sollen durch gesicherte Investitionen und Zukäufe kompensiert bzw. das Risiko von Fehlanlagen minimiert werden.[81]

Im Zusammenhang mit der Situation und Umgebung, in der Unternehmen agieren, lässt sich ein Blick auf die Globalisierung nicht vermeiden. Hier wird das QM als Option gesehen, sein Potenzial nach nach außen sichtbar darzustellen und für potentielle Kunden in einem transparenten Markt zu agieren. Diese neu erreichte Vergleichbarkeit, die einen zunehmenden Boom erfährt, lässt sich auf die verschiedensten Wirtschaftsbereiche herunterbrechen. Gleichzeitig bergen QM-Systeme jedoch für die Führungsebenen der Unternehmen stets die Frage der Effizienz und Effektivität dieser.

---

80 Deutsche Bundesbank Eurosystem - Monatsbericht Oktober (60. Jahrgang, Nr. 10, S. 7).

81 Deutsche Bundesbank Eurosystem - Monatsbericht Oktober (60. Jahrgang, Nr. 10, S. 7).

Die Potenziale der Unternehmen sollen so aufgezeigt werden, dass die solide Substanz, auf der sämtliche Prozesse ablaufen, transparent wird und einen Wettbewerbsvorteil darstellt. Als einer dieser Vorteile wird zunehmend die Kundenorientierung gesehen. „Es ist eine Illusion unserer individualisierten Gesellschaft, dass wir ohne Abhängigkeiten auskommen könnten."[82] Abhängigkeiten existieren überall im weit verzweigten Beziehungsgeflecht moderner Unternehmen.

4.2. *Geschäftsziele*

Das oberste Ziel aller Unternehmen ist das Erwirtschaften eines nachhaltigen Gewinns. Dabei werden jedoch von jedem Unternehmen verschiedene geschäftspolitische Prinzipien verfolgt. Das Geschäftssystem des Unternehmens stellt in diesem Zusammenhang einen Orientierungs- und Handlungsrahmen im Hinblick auf Struktur, Verantwortlichkeiten und Arbeitsabläufe dar. Es beschreibt, wie die Leistungen und der Umgang der Firmenangehörigen untereinander sein sollen. Damit dient es der richtigen Bündelung und Vernetzung der vorhandenen Fähigkeiten, Kräfte und materiellen Ressourcen und unterstützt so die Erfolgssicherung.

Die konsequente und korrekte Anwendung des Geschäftssystems hilft dem jeweiligen Unternehmen dabei, sowohl Prozess- als auch Kundenorientierung zu leben. Dies wirkt sich auf die Erstellung der Produkte gemäß der Anforderungen Schnelligkeit und Qualität aus und verbessert im Endeffekt die Erwirtschaftung eines nachhaltigen Gewinns.

Das Geschäftssystem der verschiedenen Unternehmen besteht aus mehreren Dimensionen. Dazu zählen unter anderem die Geschäftsprozesse, die Geschäftssteuerung, die Führung und Zusammenarbeit sowie die Aufbauorganisation. Daneben existieren querschnittliche Kategorien.

---

82 Absatzwirtschaft - Zeitschrift für Marketing - Sanieren können Sie nur vom Kunden aus (05/ 2008, S. 10).

Zu diesen gehören stets das Geschäftssystem mit seinen strukturellen und inhaltlichen Vorgaben, das KM und QM sowie weitere Konformitäts- und Qualitätsanforderungen und Normen.

Die im Rahmen des Geschäftssystems benannten Rollen ordnen Führungskräften und Mitarbeitern Aufgaben zu. Generell sind Rollen überall erforderlich, wo ein Rolleninhaber das Erbringen einer prozessbezogenen Leistung im vorgegebenen Zeit-, Kosten- und Qualitätsrahmen sicherzustellen hat.

4.3. *Konfigurations- und Qualitätsmanagement*

Das QM wird in den Unternehmen verschieden aufgegriffen und bearbeitet - in Abhängigkeit davon, welche Bedeutung diesem Bereich zugeordnet wird. So kann es als Unteraufgabe der Produktion und Forschung verstanden werden. Es kann jedoch auch als eigene Abteilung oder als querschnittlicher Bereich definiert werden. In diesem Bereich ist das QM und die mit ihm verbundenen Optionen zentrales Anliegen des Unternehmens. Entsprechend der Bedeutung des Änderungs- bzw. Konfigurationsmanagements wird dieser Bereich einzeln oder als Teilelement des QM behandelt. Im Folgenden werden das KM und QM nebeneinander gestellt betrachtet. Entsprechend werden Kennzahlen zur Bewertung der einzelnen Bereiche angeboten. Diese sind je nach Notwendigkeit und Bedarf der Effektivitäts- und Effizienzmessung zu begrenzen und kombinieren.

4.3.1. Das Konfigurationsmanagement im Geschäftssystem

Das KM ist im Rahmen des Geschäftssystems als systematische Methode zu verstehen, die während des gesamten Produktlebenszyklus angewendet wird. In diesem Rahmen werden alle Konfigurationselemente eindeutig gekennzeichnet und der Zustand der Produkte hinsichtlich Soll- und Ist- Konfiguration dokumentiert. Dadurch ist die Historie nachvollziehbar und überprüfbar, die Rückverfolgbarkeit der Produkte ist gewährleistet und alle Konfigurationsobjekte sind während des gesamten Lebenszyklus aktuell verfügbar.

Das KM kann mittels KM- Planung, Produkt- und Konfigurationsverwaltung, Änderungsmanagement i.S.d. Konfigurationssteuerung, KM-Dienste und KM- Audits realisiert werden.

4.3.2. Qualitätsmanagement im Geschäftssystem

Im Rahmen des Geschäftssystems ist das QM dagegen als systematische, unabhängige Methode zu verstehen. Es ist während des gesamten Produktlebenszyklus mit sämtlichen Prozessen vollständig integriert und bezieht sich auf formale und inhaltliche Vorgaben an die Produkte, deren Eigenschaften sowohl konstruktiv sicherzustellen als auch analytisch nachzuweisen sind. Die konstruktiven Maßnahmen fördern die Erzeugung von Qualität. Sie sollen qualitätsrelevante Risiken vermeiden, Qualitätsmängeln entgegenwirken und die den analytischen Maßnahmen zu unterziehenden Prüfgegenstände überhaupt erst prüfbar machen. Die analytischen Maßnahmen dienen der Prüfung, Bewertung und dem Nachweis der Qualität der Prüfgegenstände. Sie beziehen sich somit auf alle Produkte und Aktivitäten.

Alle QM- Maßnahmen im Rahmen des Geschäftssystems lassen sich grundsätzlich als Planungsaktivitäten, Prüfaktivitäten oder Lenkungsaktivitäten klassifizieren.

4.3.3. Prozesse Konfigurationsmanagement und Qualitätsmanagement

Um einen Überblick über die Bedeutung von KM und QM zu erhalten, ist es sinnvoll, beide Bereiche zunächst als Prozesse zu betrachten. Ein Prozess ist grundsätzlich „ein Satz von in Wechselbeziehung oder Wechselwirkung stehenden Tätigkeiten, der Eingaben in Ergebnisse umwandelt".[83] Als Ergebnis von Prozessen können Produkte vorliegen.[84] Durch diese Betrachtung wird grundsätzlich die Möglichkeit eingeräumt, den an sich outputlosen Bereichen KM und QM Produkte zuzuweisen und damit auch messbar zu machen. Dementsprechend kommen im KM verschiedene Prozesse i.S.v. Aktivitäten vor, die zu Produkten führen.

---

83 Nach: DIN EN ISO 9000: "Qualitätsmanagementsystem - Grundlagen und Begriffe (ISO 9000: 2005), 3.4.1. (Beuth Verlag GmbH Dezember 2005: 23).

84 Vgl.: DIN EN ISO 9000: "Qualitätsmanagementsystem - Grundlagen und Begriffe (ISO 9000: 2005), 3.4.2. (Beuth Verlag GmbH Dezember 2005: 24).

Tabelle 1: Prozesse und Produkte im Konfigurationsmanagement

Prozesse	Produkte
KM-Planung	
KM-Plan erstellen	KM-Plan
KM einrichten	
Produkt- und Konfigurationsverwaltung	
Produkt initialisieren	
Konfiguration erstellen	
Produkt verwalten	
Konfiguration fortschreiben	
Zugriffsrechte verwalten	Konfigurationsdokumentation
Änderungsmanagement/ Konfigurationssteuerung	
Änderungen bewerten	Änderungsvorschlag
Änderungsvorgehen entscheiden und Änderung einleiten	Änderungsauftrag
Änderung abschließen	Änderungsmitteilung, -statusliste
KM-Dienste	
Daten administrieren	Datenkatalog
Software-, Hardware-Produkte katalogisieren	zentraler Produktkatalog
Schnittstellen koordinieren	
Ergebnisse sichern	
KM-Dokumentation durchführen	Berichtsdokumente
Release-Management durchführen	
Projekthistorie führen	Projekthistorie

Quelle: Eigene Darstellung.

Ebenso existieren im Bereich des QM unterschiedliche Prozesse, die zu Produkten führen.

Tabelle 2: Prozesse und Produkte im Qualitätsmanagement

Prozesse	Produkte
QS-Initialisierung	
QS-/ QM-Plan erstellen	QS-/ QM-Plan
Prüfplan erstellen	
Nachweisakte anlegen	
Sicherheitsakte anlegen	
Prüfungsvorbereitung	
Prüfmethoden und -kriterien festlegen	
Prüfumgebung definieren	Prüfplan
Prüffälle festlegen	Prüfspezifikationen
Prüfprozedur erstellen	Prüfprozedur
Prozessprüfung von Aktivitäten	Bericht
Produktprüfung	
Prüfbarkeit feststellen	Protokoll
Produkt inhaltlich prüfen	Prüfprotokoll, Nachweisakte, Sicherheitsakte, etc.
QS-Berichtswesen	Berichtsdokumente

Quelle: Eigene Darstellung.

4.4. *Kennzahlen im Geschäftssystem*

Im Rahmen der Geschäftssysteme der Unternehmen werden verschiedene Kennzahlen erhoben, die in die Effizienz- und Effektivitätsbetrachtung von KM und QM mit reinspielen. Diese bereits erhobenen Kennzahlen sind zu betrachten und zusammenzustellen, um eine wiederholte Erhebung zu vermeiden. In diesem Zusammenhang sind sie zudem konsequent inhaltlich zu definieren und hinsichtlich Genauigkeit, Ziel, Erhebungsweise und dem Erhebungsverantwortlichen niederzuschreiben. Die Prozesskennzahlen werden vom jeweiligen Prozessverantwortlichen festgelegt.

Alle Kennzahlen, die im Unternehmen erhoben und ausgewertet werden, müssen dabei unbedingt der Unterstützung des operativen Geschäfts, der Erkennung von Fehlerentwicklungen, der Zurückführung der Umsetzung der unternehmerischen Ziele auf zu bewertende Fakten sowie der nachvollziehbaren Gestaltung der Anwendung der Prozesse anhand zu bewertender Fakten dienen. Jede Kennzahl kostet nicht nur Zeit sondern auch Geld und darf daher nicht um ihrer selbst willen existieren.

5. Klassische Kennzahlensysteme und Metriken

Kennzahlensysteme spiegeln die Unternehmensrealität in quantitativ bestimmbaren Modellen wider. Damit liefern sie Informationen über Zustände und Entwicklungen. Kennzahlensysteme beschreiben quantitativ strategische und operative Ziele durch eine Harmonisierung der an den Zielen ausgerichteten Handlungen und Entscheidungen.[85]

5.1. Das DuPont-System of Financial Control

Das DuPont-System gilt als das bekannteste und älteste Kennzahlensystem.[86] Es fand bereits 1919, nach seiner Entwicklung durch den Sprengstoffhersteller DuPont de Nemours and Company, Wilmington Delaware, Anwendung. Seitdem ist es Grundlage für Bildung zahlreicher Kennzahlensysteme.[87]

Das DuPont-System erfüllt Analyse- und Informationsaufgaben, indem es Beziehungen zwischen Kennzahlen betrachtet. Wegen seinem Bezug zum Return on Investment (ROI) wird das DuPont-System auch als „ROI-Baum"[88] bezeichnet. ROI beschreibt den Erfolg aus investiertem Kapital.[89]

---

85 Vgl.: Aurich, Martin; Radtke, Philipp; Wilmes, Dirk: TQM-gerechtes Controlling (CO7). Sieben Controllingbausteine für die Koordination TQM-geführter Unternehmen. Band 016. (Carl Hanser Verlag 2000: 99-101).

86 Vgl.: Burghardt, Manfred: Projektmanagement. Leitfaden für die Planung, Überwachung, und Steuerung von Entwicklungsprojekten (Publicis Corporate Publishing 2006: 488).

87 Vgl.: Gladen, Werner: Kennzahlen- und Berichtssysteme. Grundlagen zum Performance Measurement. (Gabler Verlag 2003: 93).

88 Nach: Gladen, Werner: Kennzahlen- und Berichtssysteme. Grundlagen zum Performance Measurement. (Gabler Verlag 2003: 93).

89 Vgl.: Gladen, Werner: Kennzahlen- und Berichtssysteme. Grundlagen zum Performance Measurement. (Gabler Verlag 2003: 97).

Die Haupt-/ Spitzenkennzahl des DuPont-Systems ist die Eigenkapitalrentabilität.[90] Die ihr untergeordneten Kennzahlenebenen sind nach festen Auflösungsregeln definiert. Die Spitzenkennzahl selbst wird in die Kennzahlen Kapitalumschlag und Ertragsrentabilität aufgelöst.

Das DuPont-System berücksichtigt nur Kennzahlen für das Erfolgsziel. Für das Liquiditätsziel ist ein eigenes Kennzahlensystem erforderlich. Zudem wird auf die Betrachtung nicht monetärer Sachziele verzichtet, da im Rahmen des DuPont-Systems bevorzugt auf Informationen des Rechnungswesens zurückgegriffen wird. Dies sowie die kurzfristige Orientierung an periodischen Erfolgsgrößen machen die Schwächen des Kennzahlensystems nach DuPont aus.[91]

---

90 Vgl.: Burghardt, Manfred: Projektmanagement. Leitfaden für die Planung, Überwachung, und Steuerung von Entwicklungsprojekten (Publicis Corporate Publishing 2006: 488).

91 Vgl.: Gladen, Werner: Kennzahlen- und Berichtssysteme. Grundlagen zum Performance Measurement. (Gabler Verlag 2003: 93, 97).

Abbildung 4: Das DuPont- Kennzahlensystem

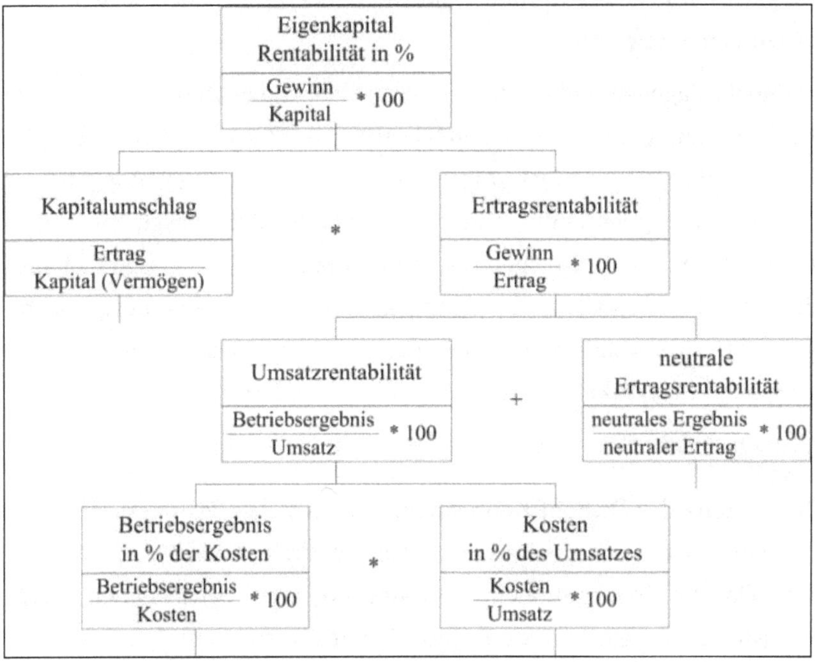

Quelle: Nach Burghardt, Manfred: „Projektmanagement, Leitfaden für die Planung, Überwachung und Steuerung von Projektmanagement. Leitfaden für die Planung, Überwachung, und Steuerung von Entwicklungsprojekten", 6., wesentlich überarbeitete und erweiterte Auflage, (2006: 488).

Das DuPont- Kennzahlensystem ist „das bekannteste und verbreitetste betriebswirtschaftliche Kennzahlensystem".[92] Ursprünglich sollte die wirtschaftliche Situation von Unternehmen durch externe Interessengruppen wie Banken, Anteilseigner, Lieferanten oder Kunden anhand der Rentabilität beurteilt werden können. Primär werden Kosten und die Höhe und Zusammensetzung des Vermögens analysiert.

Die Vorteile des DuPont- Kennzahlensystems liegen im übersichtlichen und einfachen Aufbau. Zudem sind individuelle Erweiterungen mög-

92 Nach: Wolter, Olaf: „TQM Scorecard. Die Balanced Scorecard in TQM-geführten Unternehmen umsetzen. (Carl Hanser Verlag 2000: 21).

lich. Da die Informationen überwiegend vom betrieblichen Rechnungswesen geliefert werden, sind die Größen mit denen anderer Unternehmen vergleichbar.

Nachteile dagegen stellen die ausschließlich monetären Größen sowie die Beschränkung auf den Finanzbereich dar. Des Weiteren sind lediglich rückblickende Betrachtungen möglich.[93] Langfristige Aspekte zur Wertsteigerung des Unternehmens werden nicht berücksichtigt. „Außerdem kann von den ausgewiesenen finanziellen Ergebnissen nicht auf eine hohe Leistungsfähigkeit geschlossen werden, da sich aufgrund bilanzpolitischer Möglichkeiten ein positives finanzielles Ergebnis auch bei geringer Produktivität des Unternehmens erzielen lässt."[94]

5.2. Die Balanced Scorecard

Die Vorteile des DuPont-Kennzahlensystems liegen im übersichtlichen und einfachen Aufbau. Zudem sind individuelle Erweiterungen möglich. Da die Informationen überwiegend vom betrieblichen Rechnungswesen geliefert werden, sind die Größen sind mit denen anderer Unternehmen vergleichbar.

Nachteile dagegen stellen die Ausschließlich monetärer Größen sowie die Beschränkung auf den Finanzbereich dar. Des Weiteren sind lediglich rückblickende Betrachtungen möglich.[95] Langfristige Aspekte zur Wertsteigerung des Unternehmens werden nicht berücksichtigt. „Außerdem kann von den ausgewiesenen finanziellen Ergebnissen nicht auf eine hohe Leistungsfähigkeit geschlossen werden, da sich aufgrund bilanzpolitischer Möglichkeiten ein positives finanzielles Ergebnis auch

---

93 Nach: Wolter, Olaf: „TQM Scorecard. Die Balanced Scorecard in TQM-geführten Unternehmen umsetzen. (Carl Hanser Verlag 2000: 23).

94 Nach: Wolter, Olaf: „TQM Scorecard. Die Balanced Scorecard in TQM-geführten Unternehmen umsetzen. (Carl Hanser Verlag 2000: 23).

95 Nach: Wolter, Olaf: TQM Scorecard. Die Balanced Scorecard in TQM-geführten Unternehmen umsetzen. (Carl Hanser Verlag 2000: 23).

bei geringer Produktivität des Unternehmens erzielen lässt."[96]BSC bedeutet „ausgewogener Berichtsbogen"[97] und beschreibt ein einheitliches Bewertungsschema. Die Ausgewogenheit der BSC bezieht sich auf

- die Darstellung des Unternehmens,
- die Einbeziehung aller wesentlicher Organisationseinheiten und
- die Kommunikation mit allen Mitarbeitern.[98]

Die BSC ist ein „Managementinstrument zur Erleichterung einer Entscheidungsfindung und zur Widerspiegelung eines zusammenhängenden Satzes von Indikatoren, welche der obersten und mittleren Leitung eine verständliche Einsicht in die Aufgabe oder den Verantwortungsbereich verschafft."[99] Aus diesen Indikatoren können „konkrete Leistungsziele und Maßnahmen abgeleitet werden."[100]

In der BSC finden sich steuernde, nicht monetäre und ausbalanzierte Kennzahlen wieder. Die nicht monetären Kennzahlen ergänzen die monetären, ohne sie zu verdrängen. Die Steuerungskennzahlen unterstützen die Implementierung und Kommunikation von Unternehmensvision und -strategie. Ausbalanzierte Kennzahlen stehen im Gleichgewicht „zwischen langfristigen und kurzfristigen Zielen, zwischen monetären

---

96 Nach: Wolter, Olaf: TQM Scorecard. Die Balanced Scorecard in TQM-geführten Unternehmen umsetzen. (Carl Hanser Verlag 2000: 23).

97 Nach: Brauer, Jörg-Peter; Kamiske, Gerd F.: Qualitätsmanagement von A bis Z. Erläuterungen moderner Begriffe des Qualitätsmanagements (Carl Hanser Verlag 2006: 198).

98 Vgl.: Friedag, Herwig R.; Schmidt, Walter: Balanced Scorecard. Mehr als ein Kennzahlensystem. (Haufe-Verl. Gruppe 2000: 19).

99 Nach: Geiger, Walter; Kotte, Willi: Handbuch Qualitätsmanagement. Grundlagen und Elemente des Qualitätsmanagements: Systeme – Perspektiven (Vieweg & Sohn Verlag/ GWV Fachverlage GmbH 2005: 489).

100 Nach: Geiger, Walter; Kotte, Willi: Handbuch Qualitätsmanagement. Grundlagen und Elemente des Qualitätsmanagements: Systeme – Perspektiven (Vieweg & Sohn Verlag/ GWV Fachverlage GmbH 2005: 490).

und nicht monetären Zielkennzahlen sowie zwischen nachlaufenden und vorauslaufenden Indikatoren."[101]

Die BSC hat Potential zur Führung und Kommunikation und ist dabei mehr als ein Kennzahlensystem.[102] Sie fungiert als umfassendes Werkzeug zur Beurteilung der Unternehmensentwicklung sowie zur Messung und Steuerung der strategischen Unternehmensausrichtung.[103] Daher ist die BSC „ein Konzept zur Entwicklung eines unternehmensindividuellen Kennzahlensystems."[104] Jede konkrete BSC ist somit ein Unikat, das die unternehmensbezogen wichtigen Informationen zusammenfasst.

Diese Kennzahlen werden nach vier Grundperspektiven unterteilt.[105]

---

101 Nach: Gladen, Werner: Kennzahlen- und Berichtssysteme. Grundlagen zum Performance Measurement.(Gabler Verlag 2003: 204).

102 Vgl.: Friedag, Herwig R.; Schmidt, Walter: Balanced Scorecard. Mehr als ein Kennzahlensystem. (Haufe-Verl. Gruppe 2000: 13).

103 Vgl.: Jankulik, Ernst; Kuhlang, Peter; Piff, Roland: Projektmanagement und Prozessmessung. Die Balanced Scorecard im projektorientierten Unternehmen (Publics Corporate Publishing 2005: 135).

104 Nach: Brauer, Jörg-Peter; Kamiske, Gerd F.: Qualitätsmanagement von A bis Z. Erläuterungen moderner Begriffe des Qualitätsmanagements (Carl Hanser Verlag 2006: 198).

105 Vgl.: Brauer, Jörg-Peter; Kamiske, Gerd F.: Qualitätsmanagement von A bis Z. Erläuterungen moderner Begriffe des Qualitätsmanagements (Carl Hanser Verlag 2006: 198).

Abbildung 5: Die vier Grundperspektiven der Balanced Scorecard

Quelle: Nach Geiger, Walter; Kotte, Willi: „Handbuch Qualitätsmanagement. Grundlagen und Elemente des Qualitätsmanagements: Systeme - Perspektiven". 4., vollständig überarbeitete und erweiterte Auflage. (Vieweg & Sohn Verlag 2005: 489).

Im Rahmen der BSC werden traditionelle Kennzahlen um weitere Perspektiven ergänzt. Die Betrachtung aller Perspektiven ist die Grundlage für einen Zusammenhang zwischen strategischem und operativem Handeln. Dementsprechend liegen die Stärken der BSC in

- der Transparenz der Unternehmensziele und -strategien gegenüber den Mitarbeitern,[106]
- der Information, Kommunikation und ständigen Verbesserung der Unternehmensstrategie,
- der Lenkung der Aufmerksamkeit der Manager und Mitarbeiter auf wettbewerbsrelevante Faktoren,
- der Vereinigung einer Vielzahl von Faktoren in einer Strategie/ einem Konzept.[107]

---

106 Vgl.: Vollmuth, Hilmar J.: Kennzahlen. (Rudolf Haufe Verlag GmbH & Co KG 2002: 248-249).

107 Vgl.: Aurich, Martin; Radtke, Philipp; Wilmes, Dirk: TQM-gerechtes Controlling (CO7). Sieben Controllingbausteine für die Koordination TQM-geführter Unternehmen. Band 016. (Carl Hanser Verlag 2000: 95).

5.3. *Six Sigma*

Six Sigma ist ein „Symbol für hohe Qualitätsfähigkeit von Geschäftsprozessen."[108] Es wurde von Motorola Mitte der 1980er Jahre in Zusammenhang mit einem einheitlichen Messsystem für Qualität kreiert. Es basiert auf Managementansätzen wie dem QM.[109]

Six Sigma bezeichnet eine „Arbeitsphilosophie und geschäftliche Strategie auf der Basis eines kundenorientierten Ansatzes, eines effizienten Daten-Managements sowie robuster Methoden und Zielsetzungen, die es ermöglichen, die Veränderlichkeit von Prozessen zu beseitigen und ein Fehlerniveau von weniger als 3 ppm zu erreichen."[110] Die Qualität dieses Ansatzes bezieht sich auf die Entwicklung von Produkten und Prozessen, bei denen lediglich ein Minimum an Abweichungen vom Ziel-Wert i.S.v. Fehlern vorliegt. Die Maßgröße für die Standardabweichung ist Sigma σ.

Six Sigma betrachtet einen „Prozess, der mit einer Wahrscheinlichkeit von 99,99966 % fehlerfrei ist. Die Fehlerrate beträgt entsprechend 0,0000034 % und entspricht dem Streubereich von +/- 6 σ.

Six Sigma steht für ein Prozessverbesserungskonzept, das sofort messbare finanzielle Ergebnisse liefert und somit zur Steigerung der Wettbewerbsfähigkeit führt. Es ermöglicht bei konsequenter Anwendung Qualitätsverbesserungen. Seine Kernelemente sind

- die Null-Fehler-Philosophie,
- Messbarkeit (und Prozessorientierung),

---

108 Nach: Brauer, Jörg-Peter; Kamiske, Gerd F.: Qualitätsmanagement von A bis Z. Erläuterungen moderner Begriffe des Qualitätsmanagements (Carl Hanser Verlag 2006: 271).

109 Vgl.: Gamweger, Jürgen; Jöbstl, Oliver: Six Sigma Belt Training. (Carl Hanser Verlag 2006: 9).

110 Nach: Geiger, Walter; Kotte, Willi: Handbuch Qualitätsmanagement. Grundlagen und Elemente des Qualitätsmanagements: Systeme – Perspektiven (Vieweg & Sohn Verlag/ GWV Fachverlage GmbH 2005: 491).

- Verbesserung,
- Problemlösungs- und statistische Methoden sowie
- das Promotorenkonzept.[111]

Gemäß der Null-Fehler-Philosophie stellt jeder Fehler grundsätzlich einen Verlust dar. Daher steht die Elimination von Fehlern im Mittelpunkt der unternehmensweiten Verbesserung.[112] Fehlerfreie Prozesse wirken „über eine hohe Produkt- bzw. Servicequalität und die daraus resultierende Kundenzufriedenheit bzw. den damit verbundenen Wettbewerbsvorteilen schließlich auf den Unternehmensgewinn."[113] Um dies jedoch konsequent messen zu können, sind Messsysteme auf monetärer und nicht monetärer Basis erforderlich.

Six Sigma empfiehlt ein Kennzahlensystem, ohne Indikatoren näher zu bestimmen. Ein entsprechendes Messystem kann in Anlehnung an die BSC aufgebaut werden.[114]

---

111 Vgl.: Gamweger, Jürgen; Jöbstl, Oliver: Six Sigma Belt Training. (Carl Hanser Verlag 2006: 7-10).

112 Vgl.: Gamweger, Jürgen; Jöbstl, Oliver: Six Sigma Belt Training. (Carl Hanser Verlag 2006: 10-11).

113 Nach: Gamweger, Jürgen; Jöbstl, Oliver: Six Sigma Belt Training. (Carl Hanser Verlag 2006: 12).

114 Vgl.: Gamweger, Jürgen; Jöbstl, Oliver: Six Sigma Belt Training. (Carl Hanser Verlag 2006: 81).

Tabelle 3: Six Sigma-Messkriterien in Anlehnung an die Balanced Scorecard-Perspektiven

Perspektive	Kriterium
Finanzperspektive	Messung des finanziellen Nutzens
Kundenebene	Verbesserung der kundenkritischen Qualitätsmerkmale
Prozessperspektive	Messung der Verbesserungsaktivitäten
Potentialperspektive	Investitionen in Six Sigma

Quelle: In Anlehnung an Gamweger, Jürgen; Jöbstl, Oliver: „Six Sigma Belt Training. In: Pocket Power. Band 048". 1. Auflage. (Carl Hanser Verlag 2006: 81/82).

5.4. Qualitätskosten

Qualitätskosten umfassen die „Differenz zwischen den optimalen und den zu erwartenden Kosten.".[115] Sie werden im Rahmen des Qualitätscontrollings, welches Kosten- und Nutzenwirkungen qualitätsbezogener Maßnahmen erfasst und optimiert, betrachtet.[116] Das Qualitätscontrolling ermöglicht durch die Bereitstellung von Kennzahlen, das Qualitätsgeschehen mit der Kostenseite in Verbindung zu bringen. Es zeigt somit die Kosten- und Nutzenwirkungen von Qualitätskosten auf, die „zeitlich versetzt zum Zeitpunkt der Durchführung der Maßnahmen anfallen und/ oder über einen längeren Zeitraum bzw. über mehrere Perioden hinweg andauern"[117] können.

115 Nach: Heriberg, Christiane: Messung der Effizienz von Total Quality Management. Kennzahlensystem zur Messung der Effizienz von TQM unter besonderer Berücksichtigung der Qualitätskosten (Verlag Dr. Kovac 2002: 229).

116 Vgl.: Sasse, Alexander: Kosten- und nutzenorientiertes Qualitätscontrolling. (Gabler Verlag 3/ 2001: 76).

117 Nach: Sasse, Alexander: Kosten- und nutzenorientiertes Qualitätscontrolling. (Gabler Verlag 3/ 2001: 76).

Abbildung 6: Kosten und Nutzen von Qualität

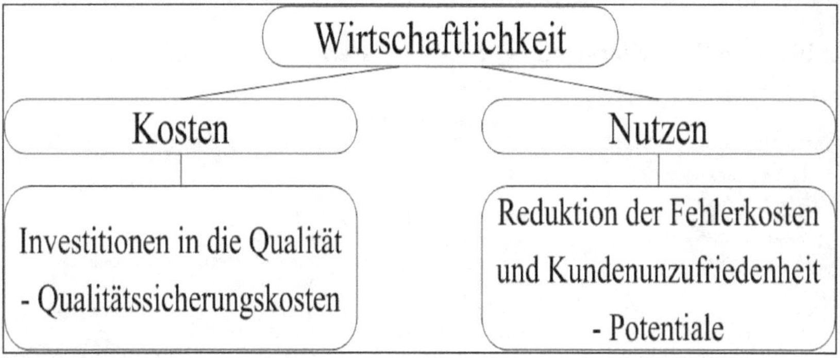

Quelle: Nach Bröckelmann, Jörg: „Entscheidungsorientiertes Qualitätscontrolling. Ein ganzheitliches Instrument der Qualitätssicherung". In: Gabler Edition Wissenschaft. 1. Auflage. (Betriebswirtschaftlicher Verlag 1995: 64).

Das Qualitätscontrolling als Teilsystem des Controllings koordiniert die Maßnahmen des Qualitätsmanagements mit dem Ziel, „eine wirtschaftliche Erfüllung der Qualität der Leistungen und ihrer Erstellung zu gewährleisten."[118] Dabei besteht ein mehrschichtiges Optimierungsproblem, da QM nicht nur Kosten verursacht sondern sie parallel auch senkt. Kosten i.S.v. Investitionen fallen für die Schaffung, Erhaltung und Verbesserung der Potentialqualität, der Qualitätsplanung sowie der Qualitätsregelung an. Der Nutzen von QM liegt in der Verringerung der Kosten abweichungsbedingter Recycling- und Entsorgungsprozesse sowie der Kosten für Maßnahmen der Abweichungsbehebung und -kompensation.[119]

Grundlage für die Qualitätskostenbetrachtung und -erfassung ist die traditionelle Dreiteilung der Qualitätskosten in Fehlerverhütungskos-

---

118 Nach: Sasse, Alexander: Kosten- und nutzenorientiertes Qualitätscontrolling. (Gabler Verlag 3/ 2001: 76).

119 Vgl.: Sasse, Alexander: Kosten- und nutzenorientiertes Qualitätscontrolling. (Gabler Verlag 3/ 2001: 78).

ten, Prüfkosten und Fehlerkosten.[120] „In einem Qualitätskostennachweis sollten mindestens diese drei Gruppen enthalten sein.“[121]

Abbildung 7: Klassische Qualitätskosten- Gliederung

Qualitätskosten			
Fehlerverhütungskosten	Prüfkosten	Fehlerkosten	
		intern	*extern*
Qualitätsplanung	Eingangsprüfung	Ausschuss	Ausschuss
Qualitätsfähigkeitsuntersuchungen	Fertigungsprüfung	Nacharbeit	Nacharbeit
Lieferantenbeurteilung	Endprüfung	Mengenabweichung	Gewährleistung
Prüfplanung	Abnahmeprüfung	Wertminderung	Kulanz
Qualitätsaudit	Prüfmittel	Sortierprüfung	Produzentenhaftung
Qualitätslenkung	Instandhaltung von Prüfmitteln	Wiederholungs-prüfung	sonstige
Qualitätsförderungsprogramme	Qualitätsgutachten	Problemuntersuchung	
Schulung in Qualitätssicherung	Laboruntersuchungen	qualitätsbedingte Ausfallzeit	
Kosten für FMEA	sonstige	sonstige	
Qualitätszirkel			
Qualitätsstatistik			
sonstige			

Quelle: Nach Kandaouroff, Anni: „Qualitätskosten. Eine theoretisch-empirische Analyse.“ In: Zeitschrift für Betriebswirtschaft. Heft 6, (1994: 767).

Fehlerverhütungskosten entstehen durch die prozessbedingte Vermeidung von Fehlern im Planungsstadium durch die Anwendungen fehlerverhütender und vorbeugender Maßnahmen sowie für die Durchführung von Korrekturmaßnahmen in allen Bereichen der Organisation.[122] Dadurch sollen Fertigungsprozesse beherrschbar und die Qualitätsanforderungen des Kunden gewährleistet werden.[123]

Prüfkosten umfassen die Kosten für alle planmäßigen Qualitätsprüfungen. Ihr Ziel liegt in dem möglichst frühzeitigen Entzug mangelhafter Rohstoffe, Halb- und Fertigfabrikate aus dem betrieblichen Prozess so-

---

120 Vgl.: Heriberg, Christiane: Messung der Effizienz von Total Quality Management. Kennzahlensystem zur Messung der Effizienz von TQM unter besonderer Berücksichtigung der Qualitätskosten (Verlag Dr. Kovac 2002: 236).

121 Nach: DIN 55350-11, Begriffe zu Qualitätsmanagement und Statistik: Teil 11. Begriffe des Qualitätsmanagements 14 (Beuth Verlag GmbH August 1995: 10).

122 Vgl.: Heriberg, Christiane: Messung der Effizienz von Total Quality Management. Kennzahlensystem zur Messung der Effizienz von TQM unter besonderer Berücksichtigung der Qualitätskosten (Verlag Dr. Kovac 2002: 191).

123 Vgl.: DGQ (1985: 10-12).

wie in der Verhinderung der Auslieferung von Produkten, die die Kundenanforderungen nicht erfüllen.[124]

Fehlerkosten beschreiben Kosten, „die durch die Nichterfüllung von Einzelanforderungen im Rahmen von Qualitätsforderungen verursacht"[125] wurden. Dazu zählen auch Folgekosten aufgrund unzulänglicher Qualität. Fehlerkosten werden nach ihrem Auftreten in

- interne Fehlerkosten, die durch die Beseitigung oder Vernichtung von Arbeitsergebnissen vor dem Kontakt mit dem Kunden entstehen, sowie
- externe Fehlerkosten, die auf Kundenbeanstandungen und Reklamationen basieren,

differenziert. Sie entstehen, wenn Produkte oder Verfahren nicht den festgelegten Qualitätsanforderungen entsprechen.[126]

Generell vermittelt der Begriff der Qualitätskosten den Eindruck, dass eine „Qualität nur durch einen höheren Kostenaufwand zu realisieren wäre. Gleichzeitig würden diese".[127] Gleichzeitig würden diese Qualitätskosten bei fehlerfreier Entwicklung und Produktion nicht existieren. Kosten im Rahmen einer fehlerfreien Entwicklung und Produktion dagegen werden nicht erfasst, obgleich sie positive Investitionen zugunsten der Qualität darstellen.[128]

---

124 Vgl.: DIN 55350-11, Begriffe zu Qualitätsmanagement und Statistik: Teil 11. Begriffe des Qualitätsmanagements 14.2 (Beuth Verlag GmbH August 1995: 10).

125 Nach: DIN 55350-11, Begriffe zu Qualitätsmanagement und Statistik: Teil 11. Begriffe des Qualitätsmanagements 14.3 (Beuth Verlag GmbH August 1995: 10).

126 Vgl.: DGQ (1985: 14).

127 Nach: Heriberg, Christiane: Messung der Effizienz von Total Quality Management. Kennzahlensystem zur Messung der Effizienz von TQM unter besonderer Berücksichtigung der Qualitätskosten (Verlag Dr. Kovac 2002: 189-190).

128 Vgl.: Heriberg, Christiane: Messung der Effizienz von Total Quality Management. Kennzahlensystem zur Messung der Effizienz von TQM unter besonderer Berücksichtigung der Qualitätskosten (Verlag Dr. Kovac 2002: 189-200).

Diese traditionelle Qualitätskostengliederung ist sehr technisch orientiert und bietet keine umfassende Qualitätsbetrachtung.[129] Zudem gibt es keine eindeutige Abgrenzung der Fehlerverhütungs-, Prüf- und Fehlerkosten. Problematisch ist, dass ein uneffizienter Prozess „einen niedrigen Anteil an Qualitätskosten anzeigt, solange weder Schrott noch Nacharbeit anfallen."[130] Trotz allem ist die traditionelle Qualitätskostengliederung sehr wirksam bzgl. der Messung von Effizienz und Effektivität von KM und QM.

5.5. Der Geschäftswertbeitrag

Das Kennzahlensystem Geschäftswert „ist Bestandteil der Wertsteigerungsinitiative (WIN) der Siemens AG".[131] Diese Wertsteigerungsinitiative ist ein Konzept zum Shareholder Value Management der Siemens AG. Sein Ziel ist die „konsequente Ausrichtung unternehmerischer Entscheidungen auf den Geschäftswert".[132] Der Geschäftswert entspricht der Differenz zwischen dem aktuellen Marktwert und dem gebundenen Vermögen. Die Veränderung des Wertes stellt den vom Unternehmen geschaffenen Wert dar. Der Geschäftswertbeitrag hängt direkt mit dem Marktwert des Unternehmens und damit auch mit seinem Aktienkurs zusammen.[133]

Die Spitze des Kennzahlensystems entspricht dem Geschäftswertbeitrag. Dieser wird als Differenz zwischen Geschäftsergebnis nach Steu-

---

129 Vgl.: Heriberg, Christiane: Messung der Effizienz von Total Quality Management. Kennzahlensystem zur Messung der Effizienz von TQM unter besonderer Berücksichtigung der Qualitätskosten (Verlag Dr. Kovac 2002: 200).

130 Nach: Von Regius, Bernd: Kostenreduktion in der Produktion. Praxisleitfaden für dieQualitätskostenanalyse. (Springer-Verlag 2002: 18).

131 Nach: Wolter, Olaf: „TQM Scorcard. Die Balanced Scorecard in TQM-geführten Unternehmen umsetzen." (Carl Hanser Verlag 2000: 26).

132 Nach: Wolter, Olaf: „TQM Scorcard. Die Balanced Scorecard in TQM-geführten Unternehmen umsetzen." (Carl Hanser Verlag 2000: 26).

133 Nach: Wolter, Olaf: „TQM Scorcard. Die Balanced Scorecard in TQM-geführten Unternehmen umsetzen." (Carl Hanser Verlag 2000: 26).

ern und Kapitalkosten für das Geschäftsvermögen definiert.[134] Grundsätzlich ähnelt die Kennzahlenpyramide zum Geschäftswertbeitrag dem DuPont- Kennzahlensystem.

Die operativen Kennzahlen sind nicht-finanzielle Treibergrößen, die „als Steuerungsgrößen auf Geschäftsgebietsebene und den darunterliegenden Unternehmensebenen verwendet“[135] werden.

Der Vorteil ist, dass „nicht nur finanzielle, sondern auch nichtfinanzielle Treibergrößen“[136] berücksichtigt werden. Dies ermöglicht die Orientierung am Unternehmenswert und damit den Interessen der Anteilseigner. Die Ausrichtung an dem langfristigen finanziellen Ziel verhindert die kurzfristige Rentabilitätsmaximierung. Des Weiteren können Treibergrößen die finanziellen Kennzahlen beeinflussen. Dies ermöglicht die Erstellung eines umfassenden Konzeptes zur Unternehmenswertsteigerung, in dem für die Wertsteigerung relevante Größen berücksichtigt werden.

Nachteilig am Geschäftswertbeitrag ist fehlende Beschreibung der Integration der werttreibenden Größen des Total Quality Managements. Dies kann durch das Konzept der Balanced Scorecard jedoch ausgeglichen bzw. nachgeholt werden.[137]

---

134 Nach: Wolter, Olaf: „TQM Scorcard. Die Balanced Scorecard in TQM-geführten Unternehmen umsetzen.“ (Carl Hanser Verlag 2000: 26).

135 Nach: Wolter, Olaf: „TQM Scorcard. Die Balanced Scorecard in TQM-geführten Unternehmen umsetzen.“ (Carl Hanser Verlag 2000: 26).

136 Nach: Wolter, Olaf: „TQM Scorcard. Die Balanced Scorecard in TQM-geführten Unternehmen umsetzen.“ (Carl Hanser Verlag 2000: 26).

137 Nach: Wolter, Olaf: „TQM Scorcard. Die Balanced Scorecard in TQM-geführten Unternehmen umsetzen.“ (Carl Hanser Verlag 2000: 28).

5.6. Return on Quality

Der Return on Quality wurde von Kamiske entwickelt und „betrachtet insbesondere die Maßnahmen des TQM".[138] Gewinn wird als Funktion der Qualität betrachtet und dargestellt. Der Return on Quality ist die Differenz zwischen Preis und Herstellkosten.

Ziel dieses Systems ist es, „zu verdeutlichen, wie die Rentabilität des Unternehmens mit einem umfassenden Paket von Maßnahmen des TQM verbessert werden kann."[139] Die Erhöhung des Wertes der Unternehmensleistung für die Kunden entspricht der Erfüllung der Produktwünsche einschließlich positiver Überraschungen und zwischenmenschlicher Beziehungen innerhalb der Serviceleistung. Dies erfolgt unter steter Berücksichtigung der Preisrelation zum Wettbewerb. Grundsätzlich sollen die Kosten für die Leistungsarten Stütz-, Nutz-, Blind- und Fehlleistungen verringert werden. Die Maßnahmen hierzu „orientieren sich streng am Wertschöpfungsprozess und werden mit dem Instrument des Target Costing gesteuert."[140] Zudem laufen kontinuierliche Verbesserungsprozesse im gesamten Unternehmen ab und dienen der Reduzierung der Herstellkosten. Dafür sind qualifizierte und motivierte Mitarbeiter elementar. Sichtbare Rentabilitätsverbesserungen sind „nur durch eine sinnvolle Kombination der Einzelmaßnahmen"[141] zu erzielen.

Die Vorteile des Return on Quality liegen im geschlossenen Regelkreis zwischen TQM und Controlling. Dies verdeutlicht die Nutzen- und

138 Nach: Wolter, Olaf: „TQM Scorcard. Die Balanced Scorecard in TQM-geführten Unternehmen umsetzen." (Carl Hanser Verlag 2000: 28).

139 Nach: Wolter, Olaf: „TQM Scorcard. Die Balanced Scorecard in TQM-geführten Unternehmen umsetzen." (Carl Hanser Verlag 2000: 28).

140 Nach: Wolter, Olaf: „TQM Scorcard. Die Balanced Scorecard in TQM-geführten Unternehmen umsetzen." (Carl Hanser Verlag 2000: 28).

141 Nach: Wolter, Olaf: „TQM Scorcard. Die Balanced Scorecard in TQM-geführten Unternehmen umsetzen." (Carl Hanser Verlag 2000: 28).

Kosteneinsparpotentiale des TQM und liefert Hinweise für deren Erschließung. Der Return on Quality dient nicht nur der Erlösverbesserung und Kostensenkung, sondern auch der Verbesserung der Qualitätskompetenz des Unternehmens. Dies bedeutet, dass es langfristig erfolgreich bleibt.

Als Nachteil des Return on Quality gilt, dass es noch kein Rechenschema mit mathematisch verknüpften Kennzahlen gibt.

Teil II: Kennzahlenbetrachtung

6. Kennzahlensystematik

6.1. Allgemeines

Die Erstellung von Metriken zur Messung und Bewertung von Effizienz und Effektivität bzw. zur Messung von Qualität ist in Unternehmen der verschiedenen Branchen nichts Neues. Jedoch bedeutet die Effizienz- und Effektivitätsmessung von KM und QM das Eindringen in eine neue Sphäre.

Im Rahmen der Zusammenstellung von einzelnen Kennzahlen zu Metriken werden „Qualitätskennzahlen zur Qualitätsinformation verdichtet und für Trenddarstellungen verwendet“[142] Dafür kann einerseits auf bereits vorhandene Kennzahlen zurückgegriffen werden, andererseits müssen Kennzahlen in neue Zusammenhänge gesetzt und sogar neu kreiert werden.

Problematisch im Hinblick auf das Thema ist die Effizienz- und Effektivitätsmessung von KM- und QM-Prozessen, die keine klassischen alleinstehenden Prozesse darstellen, sondern vielmehr von anderen Prozessen abhängen sowie diese bedingen.

Effizienz und Effektivität beschreiben aus Sicht dieser Arbeit primär die Wirksamkeit und die Wirtschaftlichkeit der Leistungen der Bereiche KM und QM. Die Leistung als möglichst gelungenes „Ergebnis eines betrieblichen Planungs- oder Erzeugungsprozesses“[143] ist direkt abhän-

---

142 Nach: DGQ Deutsche Gesellschaft für Qualität e.V. (Hrsg.); Arbeitsgruppe 23: „Qualitätskennzahlen“. Qualitätskennzahlen (QKZ) und Qualitätskennzahlen-Systeme. (Beuth Verlag GmbH 1990: 7).

143 Nach: FQS-Forschungsgemeinschaft Qualität e.V. (Hrsg.); Euler, Michael: Effizienzbewertung präventiver Qualitätsmanagementprozesse. Forschungsbericht. (Beuth Verlag GmbH 1999: 42).

gig von den verfolgten Zielen. Die Wirksamkeit ergibt sich entsprechend als der quantifizierte „Grad der Zielerfüllung eines Prozesses.“[144]

Neben der allgemeinen betriebswirtschaftlichen Betrachtung ist bei der Erstellung von Metriken zur Messung von Effizienz und Effektivität zu berücksichtigen, dass verschiedene Projekte von KM und QM betreut werden. Daher ist es aus Sicht dieser Arbeit erforderlich, sowohl

- allgemeine Kennzahlen für die Bereiche KM und QM zusammengefasst
- projektbezogene Kennzahlen als auch
- spezielle Kennzahlen für die Aufgabenbereiche KM und QM

im Rahmen der Metriken zur Messung von Effizienz und Effektivität von KM- und QM-Verfahren zu erstellen.

Durch die projektspezifische Kostenberücksichtigung können hinsichtlich der Effizienz und Effektivität Einsparpotentiale sowie Problemprojekte aufgezeigt werden. Dies ermöglicht gezielte Verbesserungen.

6.2. Vorgehen

Die Herangehensweise an die Bearbeitung der Aufgabe, die Effektivität und Effizienz von KM und QM durch Kennzahlen messbar zu machen, lässt sich als empirisch- induktiv beschreiben. Empirische Forschung ist an die Formulierung wissenschaftlicher Fragen und Aufgaben gebunden.

„Der Begriff „empirisch“ kann mit „Erfahrung sammeln“, oder auch „auf Erfahrung beruhend“ übersetzt werden.“[145] Die qualitative For-

---

144 Nach: FQS-Forschungsgemeinschaft Qualität e.V. (Hrsg.); Euler, Michael: Effizienzbewertung präventiver Qualitätsmanagementprozesse. Forschungsbericht. (Beuth Verlag GmbH 1999: 43).

145 Nach Ebster, C.; Stalzer, L.: „Wissenschaftliches Arbeiten für Wirtschafts- und Sozialwissenschaftler“. 3., überarbeite Auflage. (Wien Universitätsverlag 2008: 138).

schungsmethode des empirisch-induktiven Ansatzes greift „auf eine überschaubare Anzahl von Unternehmenseinheiten zurück, die sehr detailliert erfasst und beschrieben werden."[146] Die Beobachtungen werden im Anschluss verbalisiert. Dabei ist die Orientierung im Alltag und die Betrachtung der Wirklichkeit als Grundlage Ausgangspunkt.[147] Theorien werden als Ziele gebildet. Jedoch bedeutet das Umstürzen von Theorien und das Herangehen von neuen Seiten keinen Rückschlag, sondern vielmehr eine Erweiterung der Blickwinkel. Grundsätzlich sind hierbei Methoden wie qualitative Interviews, Gruppendiskussion, teilnehmende Beobachtung, qualitative Inhaltsanalysen geeignet.[148]

Für die vorliegende Aufgabe, die Effizienz und Effektivität von KM und QM messbar zu machen, wurde empirisch-induktiv in einem Unternehmen gearbeitet. Aus dem zunächst abstrakten Thema kristallisierten sich beim direkten Arbeiten und Leben im Unternehmen spezifische Fragestellungen heraus. Die klassischen Fragen warum, wieso und weshalb waren die Faktoren, die schließlich zur Ermittlung der Kennzahlen führten. Diese wurden begrenzt durch die Auswahl, was beobachtet werden soll.[149]

Durch kleine Notizen, die zu laufenden Prozessen des Arbeitsablaufes gesammelt wurden, ließen sich konkrete Fragestellungen ableiten. Die ständige Kommunikation mit Mitarbeitern warf ein zweites Licht auf

---

146 Nach Ebster, C.; Stalzer, L.: „Wissenschaftliches Arbeiten für Wirtschafts- und Sozialwissenschaftler". 3., überarbeite Auflage. (Wien Universitätsverlag 2008: 139).

147 Nach Ebster, C.; Stalzer, L.: „Wissenschaftliches Arbeiten für Wirtschafts- und Sozialwissenschaftler". 3., überarbeite Auflage. (Wien Universitätsverlag 2008: 140).

148 Nach Ebster, C.; Stalzer, L.: „Wissenschaftliches Arbeiten für Wirtschafts- und Sozialwissenschaftler". 3., überarbeite Auflage. (Wien Universitätsverlag 2008: 140).

149 Nach Ebster, C.; Stalzer, L.: „Wissenschaftliches Arbeiten für Wirtschafts- und Sozialwissenschaftler". 3., überarbeite Auflage. (Wien Universitätsverlag 2008: 138).

diese Aspekte. In daran anschließenden Überarbeitungen sowie der intensiven Recherche konnte eine erste Klassifizierung der Kennzahlen erstellt werden. Es folgen Planung, Durchführung und Analyse.

Die zunächst aufgestellten Ansätze wurden mehrfach überarbeitet, gekürzt, erweitert, abstrahiert sowie konkretisiert, so dass am Ende eine Sammlung an Werten stand, deren Messung Aufschluss zur gestellten Aufgabe geben konnte. Die rückwertige Entwicklung vom relevanten Messwert zu den Determinanten erforderte jedoch tiefe Einblicke ins Unternehmensgefüge und -geschehen. Die darauf aufbauende Priorisierung der Messwerte sowie der dazu erforderlichen Mittel und Aufwände bedeutete weitere zahlreiche und intensivierte Gespräche - diese betrafen neben dem Fachpersonal auch Fachfremde. Letztere bargen durch den Blick von außen zahlreiche Potenziale, die letzten Endes nicht nur bei der Definition, sondern auch bei der Konkretisierung elementar waren. So konnten Gleichungen zu Bereichen aufgestellt werden, die zuvor als nicht messbar galten. Einige Aspekte bleiben jedoch eine Frage der Interpretation und des qualitativen Erlebens.

6.3. Gliederung der Kennzahlen

Aufgrund der gewählten Systematik - allgemeine Kennzahlen, Projektkennzahlen, Kennzahlen KM und Kennzahlen QM - wird zunächst ein Überblick gegeben, der Auskunft über die Effizienz und Effektivität von KM- und QM-Verfahren gibt. Dazu zählen Kennzahlen, die später in den entsprechenden Metriken aufgegriffen werden, und Kennzahlen, die ergänzende Informationen liefern. Die für die Metriken relevanten Kennzahlen werden in einer anschließenden Betrachtung vertieft.

Generell gilt, dass wenige der hier benannten Kennzahlen in den Unternehmen bereits ermittelt und ausgewertet werden. Basierend auf ihrer Bedeutung im Rahmen der Metriken zur Messung von Effizienz und Effektivität von KM- und QM-Verfahren muss ihre Erhebung in Angriff genommen werden.

6.4. *Projektbetrachtung*

Projekte sind „ergebnisgetriebene, temporäre Organisationsformen,"[150] die an den Kategorien Leistung, Zeit und Aufwand gemessen werden können. Bei Projektorganisationen werden die Perspektiven Leistungsmanagement, QM, Zeitmanagement, Aufwandsmanagement, Risikomanagement sowie Änderungsmanagement unterschieden.[151] Das KM wird in diesem Zusammenhang mit dem Änderungsmanagement gleichgesetzt, da es häufig dieselben Funktionen und Aufgaben innehat.

Im Rahmen dieser Arbeit sollen Metriken zur Messung von Effizienz und Effektivität aufgestellt werden. Daher sind projektbezogene KM- und QM-Verfahren zu betrachten.

Projekte durchlaufen verschiedene Phasen eines Lebenszyklus, die über Meilensteine determiniert werden. Ein derartiger Projektlebenszyklus existiert zumeist unternehmensspezifisch hinsichtlich der Projekt- und Auftragsabwicklung. Dort wird in die Phasen

- Projektinitialisierung und Projektanschub (P1 bis P3),
- Leistungserbringung (P4 und P5),
- Projektabschluss (P6)

unterschieden. Während der Projektinitialisierung und des Projektanschubs erfolgt die Abstimmung und Dokumentation sämtlicher erforderlicher Voraussetzungen. Die Einrichtung des Projektes erfolgt in der Unterkategorie (P1). An diese schließt sich P2 an, in der ein detaillierter Ablaufplan für das Projekt erstellt wird. Im P3 sind die Grundlagen des Management Reviews angesiedelt. Hier werden die Voraussetzungen für die Leistungsfähigkeit und Realisierbarkeit des Projektes überprüft.

---

150 Nach: Kütz, Martin: Kennzahlen in der IT. Werkzeuge für Controlling und Management. (dpunkt.verlag GmbH 2007: 71).

151 Vgl.: Kütz, Martin: Kennzahlen in der IT. Werkzeuge für Controlling und Management. (dpunkt.verlag GmbH 2007: 71).

In der Phase der Leistungserbringung werden zur Bereitstellung zur Kundenannahme sämtliche notwendigen Teilprozesse vorbereitet (P4). Zudem wird in P5 der Liefergegenstand mit den notwendigen Dokumenten bereitgestellt sowie die Auslieferung vollzogen. Diese Phase kann mehrfach durchlaufen werden. Der Projektabschluss erfolgt mittels einer Schlussniederschrift in P6.

Abbildung 8: Projekt- und Auftragsabwicklungsprozess

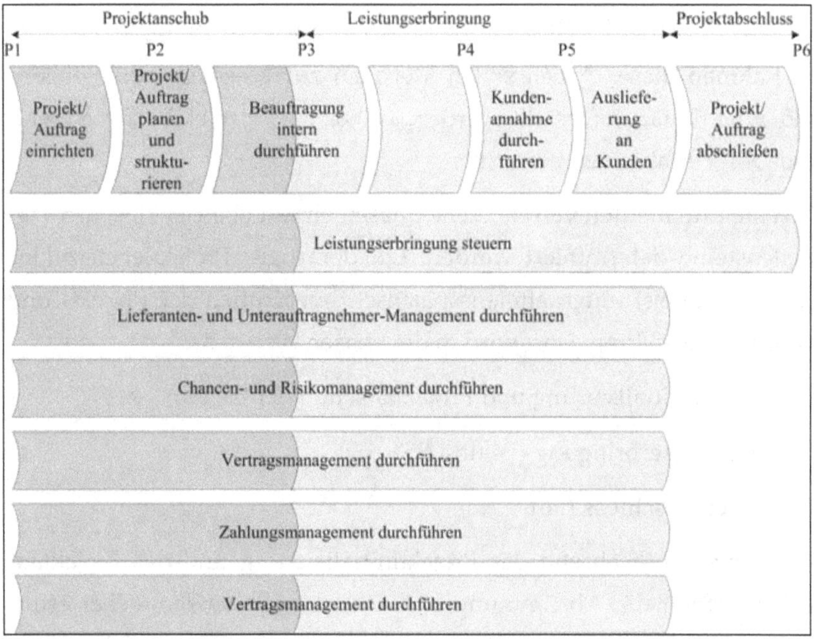

Quelle: Eigene Darstellung.

Es ist von großer Bedeutung, die Effizienz i.S.v. Wirtschaftlichkeit der einzelnen Projekte während der Projektdurchführung festzustellen, um die Aufgabenbereiche KM und QM besser beurteilen zu können. Wird beim Abschluss der Projekte Zeit- und/ oder Budgetineffizienz konstatiert, kann nichts mehr dagegen unternommen werden. Treten bereits während der Projektdurchführung Anzeichen für Ineffizienz auf, kann das Projektmanagement zeitnah reagieren und Anpassungen vornehmen, um sowohl den Zeitplan als auch das Budget einzuhalten. Das Projektmanagement sollte sich möglichst auf die Projektverantwortlichen im Rahmen der Aufgabenbereichen KM und QM beziehen.

Der angestrebte Projektlebenszyklus orientiert sich sowohl am Projekt- und Auftragsabwicklungsprozess als auch am Produktlebenszyklus. Der Produktlebenszyklus wird in die Phasen Planung, Bereitstellung, Betreuung und Produktauslauf unterteilt. Jeder werden verschiedene Meilensteine zugeordnet.

Tabelle 4: Die 12 Meilensteine im Produktlebenszyklus

Phasen	**Lebenszyklusmeilensteine**	**Inhalt**	**Notwendigkeit**
Planungsphase	M1	Genehmigung der Produktstrategie	erforderlich
	M2	Anforderungsbaseline	erforderlich
	M3	Auftragsbaseline	erforderlich
Bereitstellungsphase	M4	Beginn der Produktrealisierung und Markteinführung	erforderlich
	M5	Bestätigung des M3 Leistungsstandes	optional
	M6	Beginn der Produktionsvorbereitung	optional
	M7	Beginn der Erprobung, Teilnahme Kunde	optional
	M8	Erklärung der Kundenreife	optional
	M9	Marketingkonzept umgesetzt (Lieferbaseline)	erforderlich
Betreuungsphase	M10	Beginn der Serienproduktion	erforderlich
	M11	Akquisitionsstop, Beginn Produktauslauf	erforderlich
Produktauslauf	M12	Produkt vom Markt	erforderlich

Quelle: Eigene Darstellung.

Die Zuordnung von Meilensteinen ist beim Produktlebenszyklus einfacher als beim Projektlebenszyklus, da die Schritte in einer zwingenden

Reihenfolge ablaufen müssen. Beim Projektlebenszyklus sind den Phasen jedoch Inhalte zugeordnet, die hinsichtlich des Ablaufs variabel sind. Im Projektlebenszyklus, der im Rahmen der vorliegenden Arbeit entwickelt wurde, wird auf die Projektbetreuung durch KM und QM eingegangen. Somit sind Kundenspezifika ausgeschlossen.

Durch die Anwendung können Erfahrungswerte gesammelt werden, die dann in den Projektlebenszyklus einzuarbeiten sind, um ihn konkreter und nach seinen verschiedenen Ebenen getrennt aufzeigen zu können. Zunächst werden die Phasen des Projekt- und Auftragsabwicklungsprozesses sowie des Produktlebenszyklus aufgegriffen. Entsprechend wird der Projektlebenszyklus, auf den diese Arbeit im Folgenden Bezug nehmen wird, in die Projektmeilensteine (PM) Projektanschub, Leistungserbringung und Projektabschluss unterteilt. Ihnen werden verschiedene Inhalte zugeordnet.

Tabelle 5: Der Projektlebenszyklus im Hinblick auf Konfigurationsmanagement- und Qualitätsmanagement-Verfahren (kurz).

Phasen	Lebenszyklus-Meilensteine	Inhalt
Projekt-anschub	PM1	Projekt/ Auftrag einrichten
	PM2	Projekt/ Auftrag planen und durchführen
	PM3	Beauftragung intern durchführen
Leistungs-erbringung	PM4	Kundenannahme durchführen
	PM5	Auslieferung an den Kunden
Projekt-abschluss	PM6	Projekt/ Auftrag abschließen

Quelle: Eigene Darstellung.

Die Aufwände zur Erreichung der Meilensteine bzw. zum Abschluss einer Phase müssen bzgl. des aufgewendeten Budgets der Bereiche KM und QM betrachtet werden. Sofern die Daten erfasst werden, ist eine

Unterscheidung zwischen KM und QM anzustreben. Dies vereinfacht die Einordnung des Projektstandes sowie die Planung der folgenden Phasen hinsichtlich des Kostenbudgets und des Zeitplans.

Tabelle 6: Der Projektlebenszyklus im Hinblick auf Konfigurationsmanagement- und Qualitätsmanagement-Verfahren (ausführlich).

Phasen	Lebenszyklus-Meilensteine	Inhalt
Leistungs-erbringung	**PM4**	**Kundenannahme durchführen** - Leistungs-Soll-Werte, Maßnahmenkatalog, Kostendaten-analyse - Review-Bericht - Beistellterminplan, Mitkalkulation - Projektbericht, Sachstandbericht, beauftragte Leistung - interner Prüfbericht, beauftragte Leistung - Lieferfreigabe, Annahmebereitschaft - Nachweisakte - Freigabe PM4 - Beauftragung - Chancen-/ Riskomanagement durchführen (Bericht) - Vertragsmanagement durchführen - Zahlungsmanagement durchführen - KM durchführen (KM-Plan, Konfigurations-Identifikations-Dokument, Änderungsauftrag, -mitteilung, -statusliste, Berichte, Datenkatalog, Historie)
	PM5	**Auslieferung an den Kunden** - Lieferschein, Warenausgangsbeleg

<table>
<tr><td></td><td></td><td>- Dokumente zum Versand (Auslieferakte)
- Übergabe-/ Übernahme-Protokoll
- gelieferte Ware/ Leistung</td></tr>
<tr><td>Projektab-
schluss</td><td>PM6</td><td>Projekt/ Auftrag abschließen
- Schlussniederschrift
- Fertigmeldung ins ERP-System
- interne Erfahrungsberichte
- Nach-/ Projektabschlusskalkulation
- Rückstellungen
- Projektabschlussbericht
- Projekt/ Auftrag abgeschlossen und archiviert
- Freigabe PM6</td></tr>
<tr><td>Projektan-
schub</td><td>PM1

PM2</td><td>Projekt/ Auftrag einrichten
- Freigabe PM1
- erfasster Projektauftrag im ERP-System
- Projektstruktur auf oberer Ebene, Projektplan/ - handbuch (grob)
- KM- und QM-Plan
- Antrag auf Ausfuhrgenehmigung
- Protokoll Projektstartbesprechung
Projekt/ Auftrag planen und durchführen
- Projektstrukturplan im ERP-System
- Projektplan/ -handbuch, KM- und QM-Plan (detailliert)
- Dokumentation gemäß PM2
- Projektplan/ -handbuch (endgültig)
- KM- und QM-Plan (fortgeschrieben)</td></tr>
</table>

		- Vertrags-/ Auftragskalkulation, Rückstellungen - Chancen-/ Risikobericht, Ressourcenplan (überarbeitet) - Freigabe PM2 - eingerichtete Infrastruktur
	PM3	**Beauftragung intern durchführen** - Liefer-/ Leistungsaufträge - Freigabe PM3 - 1. Projektbericht - QS-Anforderungen - geänderte Auftrags- und Anforderungsbaseline

Tabelle 7: **Projektlebenszyklus - Projektebene**

Projektmeilenstein	Inhalte	Phasen	Notwendigkeit
1	- Studien zum geplanten Projektthema	**Studien**	erforderlich
2	- Mitarbeit bei erweiterten Studien	**Angebote**	erforderlich
	- Risikoabschätzung		erforderlich
	- QM-Anforderungen		erforderlich
	- QM-Plan		erforderlich
	- Nachweisplan		erforderlich
3	- Vertragsprüfung	**Startphase**	erforderlich
	- QM-Plan-Erstellung		erforderlich
	- Nachweisplan erstellen		erforderlich
4	- Teilnahme an Projekt (Kommunikation, auf dem Laufenden bleiben, Beginn E-mail-Verkehr)	**Projektabwicklung**	erforderlich
	- stimmberechtigte Teilnahme von OPQ- Mitarbeitern am Change Control Board		erforderlich
	- methodische Mitentscheidung am Projektplan (z.B. Audits)		erforderlich
	- periodische Projektberichterstattung		erforderlich
	- Teilnahme an (ergebnisbezogenen) Reviews		erforderlich

Quelle: Eigene Darstellung.

Tabelle 8: Projektlebenszyklus – Ebene Kunde/Güteprüfstelle

Projektmeilenstein	Inhalte	Phasen	Notwendigkeit
1		**Studien**	
2	- Kommunikation mit Kunden und Güte-prüfstelle	**Angebote**	erforderlich
3	- Abstimmung, wo Güteprüfung bei den Lieferanten erforderlich ist	**Startphase**	erforderlich
	- Auftragsdurchsprache		erforderlich
	- Beauftragung Lieferant		erforderlich
	- Abstimmung QM-Plan		erforderlich
4	- periodische Kommunikation (Jour Fixe; den Kunden informieren und bei Laune halten)	**Projektabwicklung**	erforderlich
	- ergebnisbezogene Kommunikation (Anfragen beantworten)		erforderlich
	- Güteprüfung		erforderlich

Quelle: Eigene Darstellung.

Tabelle 9: Projektlebenszyklus – Ebene Unterauftragnehmer/Lieferant

Projektmeilenstein	Inhalte	Phasen	Notwendigkeit
1		**Studien**	
2	- Mitarbeit bei Unterauftragnehmer-/ Lieferantenabwicklung	**Angebote**	erforderlich
3	- QM-Forderungen erstellen und verhandeln	**Startphase**	erforderlich
4	- Unterauftragnehmer-überwachung (z.B. Audits, Projektbesprechungen, Berichte) - Produktprüfung Unterauftragnehmer	**Projekt-abwicklung**	erforderlich erforderlich

Quelle: Eigene Darstellung.

Tabelle 10: Projektlebenszyklus – Produktebene

Projektmeilenstein	Inhalte	Phasen	Notwendigkeit
1		**Studien**	
2		**Angebote**	
3	- Mitarbeit, Abstimmung und Freigabe beim Projekthandbuch und beim Projektplan	**Startphase**	erforderlich
4	- Produkt steht zur Prüfung an (Dokument, Hardware, Software, Prüfbarkeit usw.) - Prüfbarkeit feststellen (Checkliste mit dem Projektverantwortlichen Prüfung abstimmen; Status feststellen; Entscheidung zum Start der Prüfung - ggf. der Hauptprüfung – sowie zu den Voraussetzungen) - formale Prüfung (Prüfung durchführen und begleiten; Dokumentation usw.)	**Projektabwicklung**	erforderlich erforderlich erforderlich

Quelle: Eigene Darstellung.

Tabelle 11: Projektlebenszyklus - Ebene Fehlerbehandlung

Projektmeilenstein	Inhalte	Phasen	Notwendigkeit
1		**Studien**	
2		**Angebote**	
3	- Abstimmung von Fehlerbehandlungen und Sonderfreigaben im Rahmen der QM-Forderung Lieferant	**Startphase**	erforderlich
4	- Bewertung aufgetretener Fehler (Entscheidung über das weitere Vorgehen; Bewertung der Wirksamkeit) - Freigabe Sonderbefugnis (Organisation; Bewertung der Abwicklung; Entscheidung zu geplanter Verwendung)	**Projektabwicklung**	erforderlich erforderlich

Quelle: Eigene Darstellung.

6.5. Kurzsteckbrief für die verwendeten Kennzahlen

Die Darstellung der im Rahmen der Metriken verwendeten Kennzahlen muss zwingend einheitlich erfolgen. Zudem sind neben dem Namen

- die Formel - zur rechnerischen Bestimmung der Kennzahl,
- eine kurze Beschreibung der Kennzahl - zur Darstellung der Inputparameter, weiterer Parameter, verschiedener Varianten und abgeleiteter Kennzahlen,
- Aussagen zu der Beschaffung bzw. Erhebung der Daten - v.a. mit Blick die Wirtschaftlichkeit und Praktikabilität,

- eine Bewertung der Kennzahl - zur Einschätzung der Kennzahl bzgl. Aussagekraft und Eignung für Steuerungszwecke

erforderlich.[152]

Die wichtigsten Daten zur Benennung einer Kennzahl, auf die sich die vorliegende Arbeit in den anschließenden Kapiteln stützen wird, sind die Formel, die Kennzahlenbeschreibung, die Datenherkunft und die Bewertung der Kennzahl.

Zur Messung der Kennzahlen werden

- die Werteinheit - in Euro (€),
- die Zeiteinheit sowie
- die Mengeneinheit

verwendet.

Im Rahmen dieser Arbeit selbst entwickelte Kennzahlen sind durch das Symbol * gekennzeichnet.

---

152 Vgl.: Kütz, Martin: Kennzahlen in der IT. Werkzeuge für Controlling und Management. (dpunkt.verlag GmbH 2007: 218-219).

7. Allgemeine Kennzahlen

Allgemeine Kennzahlen geben einen schnellen und einfachen Gesamtüberblick über die Effizienz und Effektivität in den zusammengefassten Bereichen KM und QM und somit auch in den einzelnen Aufgabenbereichen sowie den dort zur Anwendung kommenden Verfahren. Genauere Informationen i.S.v. Metriken zur Messung von Effizienz und Effektivität werden im Rahmen dieser Arbeit über die Projektkennzahlen sowie die bereichsspezifischen Kennzahlen gewonnen.

7.1. Materialkennzahlen

Grundsätzlich ist bei der Betrachtung von Materialkennzahlen zu beachten, dass ein Großteil des Materialaufwandes in einigen Unternehmen auf Personalkostenstellen gebucht wird. Dadurch sind die Personalkosten entsprechend hoch und werden im Folgenden intensiver als die Materialkennzahlen betrachtet.

7.1.1. Materialaufwandsquote

Formel

$$Materialaufwandsquote\ (in\ \%) = \frac{Materialaufwand\ *\ 100}{Umsatz}$$

Kennzahlenbeschreibung

Die Materialaufwandsquote dokumentiert durch den Bezug des Materialaufwandes zum Umsatz, ob die Bereiche KM und QM materialintensiv sind.[153]

Datenherkunft

Der Materialaufwand steht in Beziehung zu Hilfs- und Betriebsstoffen sowie Waren und Leistungen. Er kann ebenso wie der Umsatz dem Jah-

---

153 Vgl.: Ossola-Haring, Claudia (Hrsg.): Das große Handbuch Kennzahlen zur Unternehmensführung.

resabschluss entnommen werden. Der Umsatz berücksichtigt Bestandsveränderungen von unfertigen Erzeugnissen sowie Fertigerzeugnissen.[154]

Bewertung

Die Materialaufwandsquote kann mit der Personalaufwandsquote sowie der Materialaufwandsstruktur kombiniert werden.[155]

7.1.2. Materialaufwandsstruktur

Formel

$$\textit{Materialaufwandsstruktur (in \%)} = \frac{\textit{Materialaufwand} * 100}{\textit{Gesamtumsatz der LFK GmbH}}$$

Kennzahlenbeschreibung

Die Materialaufwandsstruktur gibt den prozentualen Anteil des Materialaufwands der Bereiche KM und QM an der Summe des Gesamtumsatzes an.

Datenherkunft

Sowohl der Materialaufwand als auch der Gesamtumsatz werden der Buchhaltung entnommen. Hinsichtlich der Datenermittlung bestehen Probleme, wenn im Rahmen der Gewinn- und Verlustrechnung das Umsatzkosten- und nicht das Gesamtkostenverfahren verwendet wird. In diesem Fall muss auf Materialberichte zurückgegriffen werden.[156]

---

154 Vgl.: Ossola-Haring, Claudia (Hrsg.): Das große Handbuch Kennzahlen zur Unternehmensführung. Kennzahlen richtig verstehen, verknüpfen und interpretieren (Redline Wirtschaft bei verag moderne industrie 2003: 118).

155 Vgl.: Ossola-Haring, Claudia (Hrsg.): Das große Handbuch Kennzahlen zur Unternehmensführung. Kennzahlen richtig verstehen, verknüpfen und interpretieren (Redline Wirtschaft bei verag moderne industrie 2003: 119).

156 Vgl.: Ossola-Haring, Claudia (Hrsg.): Das große Handbuch Kennzahlen zur Unternehmensführung. Kennzahlen richtig verstehen, verknüpfen und interpretieren (Redline Wirtschaft bei verag moderne industrie 2003: 120).

Bewertung

Sinkt die Materialaufwandsstruktur im Zeitvergleich, bedeutet dies nur eine unmittelbare Verbesserung der Ertragskraft, sofern sich die Summe der Aufwendungen nicht erhöht hat.

Die Materialaufwandsstruktur kann mit der Personalaufwandsquote und der Materialaufwandsquote kombiniert werden.[157]

7.2. *Personalkennzahlen*

7.2.1. Personalkosten

Personalkosten pro Stunde

Formel

$$\textit{Personalkosten (in €/Stunde)} = \frac{\textit{Personalkosten}}{\textit{geleistete Arbeitsstunden}}$$

Kennzahlenbeschreibung

Die auf einen Berichtszeitraum bezogene Kennzahl gibt die Höhe der tatsächlichen Personalkosten der Bereiche KM und QM pro Stunde an. Sie stellt eine gute Grundlage für die Erstellung eines Kostenplans im Rahmen der Schaffung neuer Arbeitsplätze dar.[158]

Datenherkunft

Die Daten für die Personalkosten sowie die geleisteten Arbeitsstunden werden von der Personalabteilung oder der Lohnbuchhaltung bezogen.

---

157 Vgl.: Ossola-Haring, Claudia (Hrsg.): Das große Handbuch Kennzahlen zur Unternehmensführung. Kennzahlen richtig verstehen, verknüpfen und interpretieren (Redline Wirtschaft bei verag moderne industrie 2003: 120).

158 Vgl.: Ossola-Haring, Claudia (Hrsg.): Das große Handbuch Kennzahlen zur Unternehmensführung. Kennzahlen richtig verstehen, verknüpfen und interpretieren (Redline Wirtschaft bei verag moderne industrie 2003: 534).

Bewertung

Es besteht die Möglichkeit aus der Anzahl der geleisteten Arbeitsstunden die Reisezeit i.S.v. Dienstreisen auszuklammern.

Die Personalkosten je Stunde können mit Personalkosten je Mitarbeiter verbunden werden.

Personalkosten pro Mitarbeiter

Formel

$$\textit{Personalkosten (in €/Mitarbeiter)} = \frac{\textit{Personalkosten}}{\textit{durchschnittliche Mitarbeiteranzahl}}$$

Kennzahlenbeschreibung

Die Personalkosten pro Mitarbeiter ermöglicht im Falle der Ausweitung der Produktion die Erstellung eines realistischen Kostenplans.

Datenherkunft

Die Daten zur Berechnung dieser Kennzahl stammen aus der Personalabteilung bzw. aus der Lohnbuchhaltung.

Bewertung

Im Zusammenhang mit der Anzahl der Mitarbeiter kann des Weiteren zwischen den externen und internen sowie befristeten und unbefristeten Angestellten unterschieden werden.

Bei einer Erhöhung der Personalkosten pro Mitarbeiter ist die Kosteneffizienz zu betrachten. Für nähere Informationen ist die Kombination mit den Personalkosten pro Stunde geeignet.[159]

---

159 Vgl.: Ossola-Haring, Claudia (Hrsg.): Das große Handbuch Kennzahlen zur Unternehmensführung. Kennzahlen richtig verstehen, verknüpfen und interpretieren (Redline Wirtschaft bei verlag moderne industrie 2003: 536).

7.2.2. Personalaufwandsquote

Formel

$$Personalaufwandsquote\ (in\ \%) = \frac{Personalaufwand\ *\ 100}{Umsatz}$$

Kennzahlenbeschreibung

Die Personalaufwandsquote beschreibt die Personal- und Arbeitsintensität der Bereiche KM und QM. Eine schwache Ertragslage aufgrund hoher Personalkosten basiert v.a. auf der betrieblichen Altersversorgung sowie auf Lohnerhöhungen.[160]

Datenherkunft

Die Grundlagen zur Berechnung der Personalaufwandsquote werden aus der Personalabteilung bzw. Lohnkostenrechnung sowie aus der Buchhaltung bezogen. In diesem Rahmen werden der reine Personalaufwand, Pensionsrückstellungen und soziale Abgaben berücksichtigt.

Bewertung

Die Personalaufwandsquote kann sowohl mit der Materialaufwandsquote, dem Personalaufwand pro Beschäftigten und weiteren Mitarbeiterkennzahlen betrachtet werden.[161]

7.2.3. Mitarbeiteranteil

Formel

$$Mitarbeiteranteil\ (in\ \%) = \frac{durchschnittliche\ Mitarbeiteranzahl\ *\ 100}{Gesamtmitarbeiteranzahl\ der\ LFK\ GmbH}$$

---

160 Vgl.: Ossola-Haring, Claudia (Hrsg.): Das große Handbuch Kennzahlen zur Unternehmensführung. Kennzahlen richtig verstehen, verknüpfen und interpretieren (Redline Wirtschaft bei verag moderne industrie 2003: 121).

161 Vgl.: Ossola-Haring, Claudia (Hrsg.): Das große Handbuch Kennzahlen zur Unternehmensführung. Kennzahlen richtig verstehen, verknüpfen und interpretieren (Redline Wirtschaft bei verag moderne industrie 2003: 122).

Kennzahlenbeschreibung

Der Mitarbeiteranteil trifft Aussagen zum Verhältnis der Anzahl der Mitarbeiter an der Gesamtmitarbeiteranzahl des Unternehmens. Sie ermöglicht und unterstützt damit Entscheidungen bzgl. der strategischen Bedeutung der Bereiche KM und QM. In diesem Rahmen werden jedoch keine Informationen zu Qualifikationen der Mitarbeiter und zum Erfolg gewonnen.[162]

Datenherkunft

Die Daten zur Berechnung des Mitarbeiteranteils der Bereiche KM und QM stammen aus Mitarbeiterberichten (Personalabteilung).

Bewertung

Bei einer Veränderung der Kennzahl sollte neben der strategischen Ausrichtung auch die personale Ausstattung geprüft werden.

Der Anteil der Mitarbeiter an der Gesamtmitarbeiteranzahl kann hierfür mit der Forschungsqualität in Zusammenhang gesetzt werden.[163]

7.2.4. Personaldeckungsgrad

Formel

$$Personaldeckungsgrad = \frac{Mitarbeiteranzahl}{benötigte\ Mitarbeiteranzahl}$$

Kennzahlenbeschreibung

Der Personaldeckungsgrad gibt den Anteil „der tatsächlichen Einstellungen im Vergleich zu real benötigten Mitarbeitern"[164] an. Er kontrolliert eine evtl. Personalüberdeckung oder Personalunterdeckung.

---

162 Vgl.: Ossola-Haring, Claudia (Hrsg.): Das große Handbuch Kennzahlen zur Unternehmensführung. Kennzahlen richtig verstehen, verknüpfen und interpretieren (Redline Wirtschaft bei verag moderne industrie 2003: 178).

163 Vgl.: Ossola-Haring, Claudia (Hrsg.): Das große Handbuch Kennzahlen zur Unternehmensführung. Kennzahlen richtig verstehen, verknüpfen und interpretieren (Redline Wirtschaft bei verag moderne industrie 2003: 179).

Datenherkunft

Daten zu den tatsächlichen Einstellungen können aus der Personalabteilung bzw. der Lohnbuchhaltung abgerufen werden. Die Anzahl der benötigten Mitarbeiter kann dem Businessplan der Bereiche KM und QM entnommen werden.

Bewertung

Im Idealfall beträgt der Personaldeckungsgrad 1. In diesem Fall sind alle Stellen der untersuchten Periode besetzt. Sinkt der Personaldeckungsgrad, sollten die Stellenbeschreibungen optimiert und ggf. die Personalbeschaffungswege geprüft und geändert werden.[165] Zudem sind Mitarbeitergespräche zu führen. Dies kann im Rahmen der von der Abteilung Human Resource Management vorgesehenen Mitarbeitergespräche zur Auslastung geschehen.

7.2.5. Weiterbildungskosten pro Mitarbeiter

Zudem sind Mitarbeitergespräche zu führen. Dies kann im Rahmen der von der Abteilung Human Resource Management vorgesehenen Mitarbeitergesprächen zur Auslastung geschehen.

Formel

$$\text{Weiterbildungskosten (in €/Mitarbeiter)} = \frac{\sum \text{Weiterbildungskosten}}{\text{durchschnittliche Mitarbeiteranzahl}}$$

164 Nach: Ossola-Haring, Claudia (Hrsg.): Das große Handbuch Kennzahlen zur Unternehmensführung. Kennzahlen richtig verstehen, verknüpfen und interpretieren (Redline Wirtschaft bei verag moderne industrie 2003: 558).

165 Vgl.: Ossola-Haring, Claudia (Hrsg.): Das große Handbuch Kennzahlen zur Unternehmensführung. Kennzahlen richtig verstehen, verknüpfen und interpretieren (Redline Wirtschaft bei verag moderne industrie 2003: 559).

Kennzahlenbeschreibung

Die Weiterbildungskosten pro Mitarbeiter sind Grundlage bei der Ausweitung bzw. Reduzierung und Planung von Weiterbildungsmaßnahmen.

Datenherkunft

Die Summe der Weiterbildungskosten können aus der Bilanzbuchhaltung und die Teilnehmeranzahl aus dem Personalabteilungsbereich Aus- und Weiterbildung bezogen werden.

Bewertung

Die Kennzahl betrachtet sämtliche Kosten, die sich aus den implizierten Teilkosten wie z.B. Übernachtung, Fahrtkosten, Verwaltungskostenaufwand zusammensetzen.

Bei steigenden Weiterbildungskosten pro Mitarbeiter sollten die Kostenstruktur geprüft und der Wechsel zu betriebsinternen Schulungen überdacht werden. Sinkt der Kennzahlenwert, ist die Effizienz zukünftig geplanter Bildungsmaßnahmen zu prüfen.[166]

Mögliche Kennzahlenkombinationen bestehen mit der Bildungsmaßnahmenstruktur sowie der Weiterbildungszeit pro Mitarbeiter.[167]

7.2.6. Weiterbildungszeit pro Mitarbeiter

Formel

$$Weiterbildungszeit\ (in\ Stunde/Mitarbeiter) = \frac{Weiterbildungszeit}{durchschnittliche\ Mitarbeiteranzahl}$$

166 Vgl.: Ossola-Haring, Claudia (Hrsg.): Das große Handbuch Kennzahlen zur Unternehmensführung. Kennzahlen richtig verstehen, verknüpfen und interpretieren (Redline Wirtschaft bei verag moderne industrie 2003: 549).

167 Vgl.: Ossola-Haring, Claudia (Hrsg.): Das große Handbuch Kennzahlen zur Unternehmensführung. Kennzahlen richtig verstehen, verknüpfen und interpretieren (Redline Wirtschaft bei verag moderne industrie 2003: 550).

Kennzahlenbeschreibung

Die Weiterbildungszeit pro Mitarbeiter gibt die Anzahl der Tage an, die ein Mitarbeiter „im Schnitt dem Unternehmen aufgrund von Weiterbildungsmaßnahmen nicht zur Verfügung steht.“.[168] Um die Kennzahl besser zu begrenzen bzw. abzugrenzen, kann zwischen den verschiedenen Weiterbildungsmaßnahmen differenziert werden. Durch zielgerichtete Bildungsmaßnahmen können die Mitarbeitermotivation auf- und ausgebaut und Mitarbeiterentwicklung strategisch koordiniert werden.

Datenherkunft

Die Dauer der Weiterbildungszeit wird aus dem Personalabteilungsbereich Aus- und Weiterbildung und die durchschnittliche Anzahl der Mitarbeiter aus der Personalabteilung beschafft.

Bewertung

Steigt die Weiterbildungszeit pro Mitarbeiter, sollte die Effizienz der Weiterbildungsmaßnahmen geprüft werden, bei sinkender Weiterbildungszeit pro Mitarbeiter ist der Bedarf an weiteren Programmen zu prüfen.[169]

Diese Kennzahl kann mit den Weiterbildungskosten pro Mitarbeiter kombiniert werden.

---

168 Nach: Ossola-Haring, Claudia (Hrsg.): Das große Handbuch Kennzahlen zur Unternehmensführung.
Kennzahlen richtig verstehen, verknüpfen und interpretieren (Redline Wirtschaft bei verag moderne industrie 2003: 550).

169 Vgl.: Ossola-Haring, Claudia (Hrsg.): Das große Handbuch Kennzahlen zur Unternehmensführung. Kennzahlen richtig verstehen, verknüpfen und interpretieren (Redline Wirtschaft bei verag moderne industrie 2003: 551).

7.2.7. Kenntnisgrad des Geschäftssystems*

Formel

$$\text{Kenntnisgrad des Geschäftssystems} = \frac{\sum \text{Ist-Kenntnisgrad der Mitarbeiter}}{\sum \text{Soll-Kenntnisgrad der Mitarbeiter}}$$

Kennzahlenbeschreibung

Der Kenntnisgrad des Geschäftssystems gibt an, inwiefern die Mitarbeiter der Aufgabenbereiche KM und QM die für ihre Position erforderlichen Unterlagen des Geschäftssystems kennen und verinnerlicht haben.

Datenherkunft

Zur Bestimmung der Kennzahl müssen die für die jeweilige Position relevanten Unterlagen aus dem Geschäftssystem ermittelt werden (Soll-Kenntnisgrad). Der Ist-Kenntnisgrad der Mitarbeiter ist dann entsprechend über Mitarbeitergespräche zu ermitteln. Eine Möglichkeit der zeitnahen und effizienten Ermittlung besteht in einer Selbsteinschätzung der Mitarbeiter hinsichtlich des Kenntnisgrades.

Bewertung

Steigt der Kennzahlenwert, verweist dies auf eine bessere Kenntnis, ohne jedoch die Ursachen hierfür aufzuzeigen. Daher sind generell beim Kenntnisgrad des Geschäftssystems die Anzahl und das Erscheinungsdatum der Unterlagen zu prüfen.

Bei einem sinkenden Kenntnisgrad des Geschäftssystems sind Weiterbildungsmaßnahmen sowie Workshops in diesem Bereich anzustreben. Der Kenntnisgrad des Geschäftssystems gibt an, inwiefern die Mitarbeiter der Aufgabenbereiche KM und QM die für ihre Position erforderlichen Unterlagen des Geschäftssystems kennen und verinnerlicht haben.

7.2.8. Dienstreisezeit*

Formel

$$\text{Dienstreisezeit (in \%)} = \frac{\text{Dienstreisestunden} * 100}{\text{geleistete Arbeitsstunden}}$$

Kennzahlenbeschreibung

Der Dienstreisezeitanteil an der gesamten Arbeitszeit der Mitarbeiter der Bereiche KM und QM ist eine Kenngröße für die Wirtschaftlichkeit der bezahlten Arbeitsstunden der Mitarbeiter.

Bei dieser Kennzahl kann nach der reinen Dienstreisezeit i.S.v. Fahrtzeit zu Kunden oder anderen Standorten unterschieden werden.

Datenherkunft

Die Daten zur Bestimmung dieser Kennzahl stammen aus der Personalabteilung sowie aus den Mitarbeiterberichten der Bereiche KM und QM.

Bewertung

Steigt der Dienstreiseanteil an der Arbeitszeit, ist zu prüfen, inwiefern die behandelten Projekte kritisch sind. Auch die Häufigkeit der Dienstreisen zu einem bestimmten Kunden bzw. zwischen zwei Standorten ist zu kontrollieren. Sinkt dagegen der Wert, ist die Kundenzufriedenheit hinsichtlich der Kommunikation zu untersuchen. Im Zusammenhang mit der Dienstreisezeit sind saisonale Schwankungen zu berücksichtigen und einzupflegen.

7.3. *Leistungskennzahlen*

7.3.1. Service-Level-Leistung

Formel

$$\text{Service-Level-Index} = \frac{\text{Plan-Service-Level}}{\text{Ist-Service-Level}}$$

Kennzahlenbeschreibung

Die Service-Level-Leistung basiert auf dem Service-Level-Index, der vom Unternehmen spezifisch aufgestellt werden muss. Dieser bewertet die Realisierung der vereinbarten Service-Levels nach einem vorgegebenen Punktesystem. Die Ziel-Werte werden servicespezifisch bzw. produktspezifisch festgelegt.[170]

Datenherkunft

Die Daten zur Erstellung eines Service-Level-Indexes kommen aus den gemessenen Service-Parametern oder auch aus den Kundenbewertungen.

Bewertung

Im Zusammenhang mit der Service-Level-Leistung können sowohl einzelne Services, Servicegruppen als auch das gesamte Serviceportfolio betrachtet werden.[171]

Eine weitere Möglichkeit besteht in der Untersuchung der Anzahl, der von den Anwendern festgestellten Service-Level-Verletzungen.

7.3.2. Leistungsgrad

Formel

$$\textit{Leistungsgrad} = \frac{\textit{Ist-Leistung}}{\textit{Normal-Leistung}}$$

Kennzahlenbeschreibung

Der Leistungsgrad beschreibt die Höhe der Leistung eines oder mehrerer Mitarbeiter. Damit zeigt der Leistungsgrad den Grad der Bedin-

170 Vgl.: Kütz, Martin: Kennzahlen in der IT. Werkzeuge für Controlling und Management. (dpunkt.verlag GmbH 2007: 272).

171 Vgl.: Kütz, Martin: Kennzahlen in der IT. Werkzeuge für Controlling und Management. (dpunkt.verlag GmbH 2007: 272).

gungsmessung und der Arbeitsbelastung an.[172] Zudem ist er aus Sicht dieser Arbeit ein Indikator für die Organisation der Bereiche KM und QM. Dadurch gibt der Leistungsgrad Aufschluss über die Arbeit im bestehenden System sowie die Identifikation mit ihm und Praktikabilität seiner Anwendung.

Datenherkunft

Die Ist-Leistung muss nach einem zuvor für das Unternehmen festgelegten Leistungskatalog gemessen werden. Die Normalleistung dagegen ergibt sich aus dem Vergleich zur Ist-Leistung.

Bewertung

Bei einem steigenden Leistungsgrad sollten die Arbeitsbedingungen auf eine drohende Überbelastung geprüft werden.[173]

In Entsprechung zum Erfüllungsgrad kann auch der Nicht-Erfüllungsgrad betrachtet und zur Bewertung der Bereiche KM und QM herangezogen werden.

7.3.3. Prozessleistung

Formel

$$Prozessleistung\ (in\ Prozesse/Jahr) = \frac{Anzahl\ Prozessdurchführungen}{Jahr}$$

Kennzahlenbeschreibung

Die Prozessleistung gibt die Häufigkeit von Prozessen sowie Veränderungen des Prozessportfolios im Zeitverlauf an.[174] In diesem Zusam-

---

172 Vgl.: Ossola-Haring, Claudia (Hrsg.): Das große Handbuch Kennzahlen zur Unternehmensführung. Kennzahlen richtig verstehen, verknüpfen und interpretieren (Redline Wirtschaft bei verlag moderne industrie 2003: 578).

173 Vgl.: Ossola-Haring, Claudia (Hrsg.): Das große Handbuch Kennzahlen zur Unternehmensführung. Kennzahlen richtig verstehen, verknüpfen und interpretieren (Redline Wirtschaft bei verlag moderne industrie 2003: 579).

174 Vgl.: Kütz, Martin: Kennzahlen in der IT. Werkzeuge für Controlling und Management. (dpunkt.verlag GmbH 2007: 256).

menhang stellen kurzfristige Abweichungen von den erwarteten Werten Hinweise auf Anomalien oder Qualitätsprobleme dar. Damit ist die Prozessleistung als Frühindikator für Veränderungen geeignet.

Datenherkunft

Die zur Ermittlung der Prozessleistung notwendigen Daten werden automatisch unter anderem aus Monitoringsystemen beschafft. Des Weiteren kann der Wert über Mitarbeiterberichte bzw. Mitarbeitergespräche ermittelt werden.

Bewertung

Die Prozessleistung für die Bereiche KM und QM kann nach einzelnen Teilprozessen aufgespalten werden. Auch eine projektbezogene Betrachtung ist bei gegebenen Erfordernissen möglich.[175]

7.3.4. Produktivität der Mitarbeiter

Produktivität pro Mitarbeiter

Formel

$$\textit{Produktivität der Mitarbeiter (in €/Mitarbeiter)} = \frac{\textit{Gesamtleistung}}{\textit{durchschnittliche Mitarbeiteranzahl}}$$

Kennzahlenbeschreibung

Die Produktivität der Belegschaft pro Mitarbeiter beschreibt die Gesamtleistung, die auf einen Mitarbeiter durchschnittlich im Berichtszeitraum entfällt.

Die Betrachtung im Zeitvergleich ermöglicht eine Bewertung der Effizienz. Eine Steigerung der Effizienz ist aus der Zunahme der Gesamtleistung pro Mitarbeiter ableitbar.

175 Vgl.: Kütz, Martin: Kennzahlen in der IT. Werkzeuge für Controlling und Management. (dpunkt.verlag GmbH 2007: 256).

Datenherkunft

Die Daten zur Gesamtleistung stammen aus dem Jahresabschluss. Die Beschäftigtenzahl wird als arithmetisches Mittel aus den Stichtagen Anfang und Ende des Berichtszeitraums gebildet. Diese Werte sind jedoch ungenau. Exakte Daten liefern bei ggf. größerem Aufwand die Lohnbuchhaltung sowie die Personalabteilung.[176]

Bewertung

Generell sollte bei einer steigenden Produktivität pro Mitarbeiter die Produktivität im periodischen Vergleich intensiver betrachtet werden. Sinkt die Produktivität dagegen, ist der Einsatz der Mitarbeiter zu überprüfen. Des Weiteren sollte kontrolliert werden, ob bzgl. des Einsatzplans und der Aufgabenabteilung Optimierungspotential besteht.[177]

Die Produktivität pro Mitarbeiter ist in Zusammenhang mit dem Umsatz pro Mitarbeiter sowie weiteren Produktivitätskennzahlen zu betrachten. So unterliegt die durchschnittliche Mitarbeiterzahl nicht nur Effizienz- sondern auch saisonalen Schwankungen und Umsatzstrukturveränderungen im Zeitablauf.[178]

Produktivität, Umsatz pro Mitarbeiter

Formel

$$\textit{Produktivität der Mitarbeiter (in €/Mitarbeiter)} = \frac{\textit{Umsatz}}{\textit{durchschnittliche Mitarbeiteranzahl}}$$

---

176 Vgl.: Ossola-Haring, Claudia (Hrsg.): Das große Handbuch Kennzahlen zur Unternehmensführung. Kennzahlen richtig verstehen, verknüpfen und interpretieren (Redline Wirtschaft bei verag moderne industrie 2003: 123).

177 Vgl.: Ossola-Haring, Claudia (Hrsg.): Das große Handbuch Kennzahlen zur Unternehmensführung. Kennzahlen richtig verstehen, verknüpfen und interpretieren (Redline Wirtschaft bei verlag moderne industrie 2003: 123).

178 Vgl.: Ossola-Haring, Claudia (Hrsg.): Das große Handbuch Kennzahlen zur Unternehmensführung. Kennzahlen richtig verstehen, verknüpfen und interpretieren (Redline Wirtschaft bei verlag moderne industrie 2003: 122-123).

Kennzahlenbeschreibung

Diese Kennzahl bezieht sich auf den Umsatz, der durchschnittlich auf einen Mitarbeiter im Berichtszeitraum entfällt. Ebenso wie bei der Produktivität pro Mitarbeiter bedeutet eine steigende Produktivität, i.S.v. Umsatz pro Mitarbeiter, Effizienz.[179]

Datenherkunft

Die Daten zur Berechnung der Produktivität der Belegschaft, Umsatz pro Mitarbeiter kommen aus der Buchhaltung sowie internen Statistiken der Lohnbuchhaltung und Personalabteilung.

Bewertung

Die Produktivität der Belegschaft, Umsatz pro Mitarbeiter kann auf einzelne Projekte heruntergebrochen werden. Sie kann sowohl mit der Gesamtleistung pro Mitarbeiter als auch mit weiteren Produktivitätskennzahlen z.B. des Mitarbeiterbereichs kombiniert werden.[180]

Bei einer steigenden Produktivität ist die Umsatzentwicklung im periodischen Vergleich zu überwachen. Sinkt sie, sind wie bei Produktivität pro Mitarbeiter der Einsatz der Mitarbeiter, der Einsatzplan und die Aufgabenverteilung zu prüfen und zu optimieren.[181]

Die Aussagekraft dieser Kennzahl ist begrenzt. Durch eine stärkere Differenzierung der Mitarbeiter z.B. nach Internen sowie Externen kann hier jedoch die Aussagekraft erhöht werden.

---

179 Vgl.: Ossola-Haring, Claudia (Hrsg.): Das große Handbuch Kennzahlen zur Unternehmensführung. Kennzahlen richtig verstehen, verknüpfen und interpretieren (Redline Wirtschaft bei verag moderne industrie 2003: 124).

180 Vgl.: Ossola-Haring, Claudia (Hrsg.): Das große Handbuch Kennzahlen zur Unternehmensführung. Kennzahlen richtig verstehen, verknüpfen und interpretieren (Redline Wirtschaft bei verlag moderne industrie 2003: 125).

181 Vgl.: Ossola-Haring, Claudia (Hrsg.): Das große Handbuch Kennzahlen zur Unternehmensführung. Kennzahlen richtig verstehen, verknüpfen und interpretieren (Redline Wirtschaft bei verlag moderne industrie 2003: 125).

7.3.5. Arbeitsmengenproduktivität*

Formel

$$\text{Arbeitsmengenproduktivität (in Arbeitspakete/Mitarbeiter)} = \frac{\text{Anzahl der Arbeitspakete}}{\text{durchschnittliche Mitarbeiteranzahl}}$$

Kennzahlenbeschreibung

Die Arbeitsmengenproduktivität beschreibt die Anzahl der Produkte und Projekte, die ein Mitarbeiter durchschnittlich im Berichtszeitraum bearbeitet bzw. betreut.

Bei der gleichzeitigen Betreuung mehrerer Produkte und Projekte kann durch die Gewichtung bzgl. der Bedeutung die Abgrenzung und Aussagekraft der Kennzahl gestärkt werden.

Datenherkunft

Die Daten zur Berechnung der Arbeitsmengenproduktivität werden der Personalabteilung bzw. der Lohnbuchhaltung entnommen.

Bewertung

Steigt die Arbeitsmengenproduktivität, ist zu prüfen, ob die Mitarbeiter überlastet oder unterfordert sind, um entsprechenden Personalabbau einzuleiten. Im Zusammenhang mit einem sinkenden Wert sollte primär ein Mitarbeiteranstieg geprüft werden.

7.4. Zielerreichung

Die Kennzahlen zur Messung der Zielerreichung sind auf die von allen Abteilungen, Unternehmens- und Aufgabenbereichen geforderte Effektivität und Effizienz bei der Erreichung der strategischen Vorgaben gerichtet.

7.4.1. Unternehmenszielerreichungsgrad

Formel

$$Unternehmenszielerreichungsgrad = \sum \frac{Ist - Erreichungsgrad\ der\ Einzelziele}{Plan - Erreichungsgrad\ der\ Einzelziele}$$

Kennzahlenbeschreibung

Der Unternehmenszielerreichungsgrad beschreibt, inwiefern die selbstgesteckten Einzelziele erreicht wurden und ist damit „Gradmesser für die Zuverlässigkeit"[182] bisheriger Planungen.

Datenherkunft

Sämtliche für die Messung des Unternehmenszielerreichungsgsgrades notwendigen Daten stammen aus Mitarbeiterberichten zu den jeweiligen Projektständen sowie zur Erfüllung der Arbeitspakete. Voraussetzung für die Berechnung der Kennzahl sind Planzahlen, die als Ziel-Werte zu den jeweiligen Erreichungsgraden der Einzelziele vorliegen müssen.

Bewertung

Im Rahmen dieser Kennzahl ist zu beachten, dass keinerlei Aussagen zum Grund für die Zielerreichung bzw. -nichterreichung getroffen werden. Dafür ist eine vertiefende Kennzahlenbetrachtung oder Analyse erforderlich.

Verändert sich der Zielerreichungsgrad, ist stets neben den Gründen auch die Wirksamkeit von Gegensteuerungsmaßnahmen zu prüfen.[183]

---

182 Vgl.: Ossola-Haring, Claudia (Hrsg.): Das große Handbuch Kennzahlen zur Unternehmensführung. Kennzahlen richtig verstehen, verknüpfen und interpretieren (Redline Wirtschaft bei verlag moderne industrie 2003: 194).

183 Vgl.: Ossola-Haring, Claudia (Hrsg.): Das große Handbuch Kennzahlen zur Unternehmensführung. Kennzahlen richtig verstehen, verknüpfen und interpretieren (Redline Wirtschaft bei verlag moderne industrie 2003: 194).

7.4.2. Strategischer Zielerreichungsgrad

Formel

$$\text{strategischer Zielerreichungsgrad} = \sum \frac{\text{Ist} - \text{Erreichungsgrad kurz-, mittel} - \text{oder langsfristige Ziele}}{\text{Plan} - \text{Erreichungsgrad kurz-, mittel} - \text{oder langsfristige Ziele}}$$

Kennzahlenbeschreibung

Der strategische Zielerreichungsgrad beschreibt, bis zu welchem Grad die selbstgesteckten, mittel- oder langfristigen strategischen Ziele erreicht werden. Er ist damit ein „Gradmesser für die Realitätsnähe"[184] der bisherigen Planungen.

Datenherkunft

Die Daten zur Messung des strategischen Zielerreichungsgrades stammen aus Führungsgrundsatzvereinbarungen, einem schriftlichen Unternehmensleitbild und/ oder der regelmäßigen Unternehmenskommunikation.[185]

Voraussetzung für die Anwendung dieser Kennzahl ist das Vorhandensein entsprechender Planzahlen zum Erreichungsgrad der kurz-, mittel oder langfristigen Ziele.

Bewertung

Grundsätzlich ist im Zusammenhang mit dem strategischen Zielerreichungsgrad die Fristigkeit der strategischen Ziele zu beachten. Sofern der Zielerreichungsgrad steigt, sollten die strategischen Ziele hinsichtlich ihrer Fristigkeit analysiert sowie neu gesetzt werden. Bei einem sinkenden Wert dagegen sind die Strategieziele generell und speziell im

---

184 Vgl.: Ossola-Haring, Claudia (Hrsg.): Das große Handbuch Kennzahlen zur Unternehmensführung. Kennzahlen richtig verstehen, verknüpfen und interpretieren (Redline Wirtschaft bei verlag moderne industrie 2003: 198).

185 Vgl.: Ossola-Haring, Claudia (Hrsg.): Das große Handbuch Kennzahlen zur Unternehmensführung. Kennzahlen richtig verstehen, verknüpfen und interpretieren (Redline Wirtschaft bei verlag moderne industrie 2003: 198).

Hinblick auf die Fristigkeit zu kontrollieren. Daneben sollten die „Strategien zur Zielerreichung auf Wirksamkeit"[186] geprüft werden, um so ungeeignete Strategien zu erkennen.

7.4.3. Planabweichung je Projekt

Formel

$$Planabweichung = \sum \frac{Ist - Erreichungsgrad * 100}{Plan - Erreichungsgrad}$$

Kennzahlenbeschreibung

Die Planabweichung je Projekt gibt den Grad an, bis zu dem die Bereiche KM und QM die gesteckten Projekteinzelziele erreicht haben. Damit handelt es sich bei dieser Kennzahl um einen „Gradmesser für die Zuverlässigkeit der bisherigen Planungen."[187]

Datenherkunft

Die Planabweichung je Projekt kann für jede Kennzahl bestimmt werden, für die es auch eine Planzahl gibt. Die Daten werden aus Mitarbeiterberichten bezogen.[188]

Bewertung

Grundsätzlich trifft die Planabweichung je Projekt keine Aussage zum Grund für die Zielerreichung. Bei einem sich verändernden Zielerreichungsgrad sind neben der Suche nach den Gründen die Ursache, die

---

186 Vgl.: Ossola-Haring, Claudia (Hrsg.): Das große Handbuch Kennzahlen zur Unternehmensführung. Kennzahlen richtig verstehen, verknüpfen und interpretieren (Redline Wirtschaft bei verlag moderne industrie 2003: 199).

187 Nach: Ossola-Haring, Claudia (Hrsg.): Das große Handbuch Kennzahlen zur Unternehmensführung. Kennzahlen richtig verstehen, verknüpfen und interpretieren (Redline Wirtschaft bei verag moderne industrie 2003: 196).

188 Vgl.: Ossola-Haring, Claudia (Hrsg.): Das große Handbuch Kennzahlen zur Unternehmensführung. Kennzahlen richtig verstehen, verknüpfen und interpretieren (Redline Wirtschaft bei verlag moderne industrie 2003: 196).

Planzahlen, der Projektzyklusstand und die Mitarbeiterstruktur zu analysieren.[189]

Die Planabweichung kann grundsätzlich mit allen Kennzahlen kombiniert werden.

---

189 Vgl.: Ossola-Haring, Claudia (Hrsg.): Das große Handbuch Kennzahlen zur Unternehmensführung. Kennzahlen richtig verstehen, verknüpfen und interpretieren (Redline Wirtschaft bei verlag moderne industrie 2003: 197).

8. Projektkennzahlen

8.1. Projektkosten und -nutzen

8.1.1. Wirtschaftlichkeit des Projektes

Formel

$$\textit{Wirtschaftlichkeit des Projektes} = \frac{\textit{bewertete Nutzeneffekte}}{\textit{Kosten}}$$

Kennzahlenbeschreibung

Die Wirtschaftlichkeit der Projekte ergibt sich aus der Summierung der Wirtschaftlichkeiten über die geplante Lebensdauer bzw. Einsatzdauer hinweg.[190]

Datenherkunft

Die Kosten beziehen sich auf den Projektaufwand sowie die Kosten während der Nutzungsdauer des Projektergebnisses. Dies basiert auf einer Bewertung des Projektgewinns nach einem prozentualen Schlüssel, der die Anteile der einzelnen Abteilungen und Aufgabenbereiche widerspiegelt. Grundsätzlich ist zur Ermittlung und Abschätzung der Daten ein erheblicher Aufwand erforderlich.[191]

Zur Ermittlung der Wirtschaftlichkeit sind verschiedene Bezugspunkte und Varianten denkbar. So können die Werte auf den Basiszeitpunkt Projektbeginn diskontiert werden oder sich auf eine Nutzenbewertung in Nutzenpunkten stützen. Durch die Einbeziehung nicht monetärer Effekte wird der projektübergreifende Vergleich vereinfacht.

---

190 Vgl.: Kütz, Martin: Kennzahlen in der IT. Werkzeuge für Controlling und Management. (dpunkt.verlag GmbH 2007: 305).

191 Vgl.: Kütz, Martin: Kennzahlen in der IT. Werkzeuge für Controlling und Management. (dpunkt.verlag GmbH 2007: 306).

Nutzeneffekte und Kosten können des Weiteren zunächst als Barwert ermittelt und anschließend für jeden Zeitraum saldiert und die Differenz auf den Basiszeitpunkt diskontiert werden.

Bewertung

Die Wirtschaftlichkeit kann sowohl für einzelne Projekte, Projektgruppen oder das gesamte Projektportfolio betrachtet werden. Sie ist eine wichtige Entscheidungsgröße für die Genehmigung von Projekten. Die Wirtschaftlichkeit des modifizierten Projekts darf i.d.R. nicht schlechter sein als die des ursprünglichen Projekts.[192]

8.1.2. Rentabilität der Projekte

Formel

$$Rentabilität\ des\ Projektes = \frac{kumulierter\ Nettonutzen}{Projektvolumen}$$

Kennzahlenbeschreibung

Grundsätzlich beschreibt die Rentabilität der Projekte die Amortisation. Die Ziel-Werte sind entsprechend organisationsspezifisch festzulegen. Zudem sind Toleranzgrenzen zu benennen, die überschritten werden müssen.[193]

Datenherkunft

Die Plan-Werte stammen aus Projektanträgen. Die Ist-Werte dagegen basieren auf einer Nutzenbestätigung. Generell ist zu beachten, dass der Nettonutzen aller bewerteten Nutzeneffekte abzüglich der Summe der Kosten umfasst.

---

192 Vgl.: Kütz, Martin: Kennzahlen in der IT. Werkzeuge für Controlling und Management. (dpunkt.verlag GmbH 2007: 306).

193 Vgl.: Kütz, Martin: Kennzahlen in der IT. Werkzeuge für Controlling und Management. (dpunkt.verlag GmbH 2007: 302).

Bewertung

Die Rentabilität der Projekte ist eine zentrale Größe für die Genehmigung von Projekten. Sie sollte vor Projektbeginn als Plan-Wert, während des Projektes als aktualisierter Plan-Wert und nach Projektabschluss jährlich als Prognosewert bezogen auf die vorliegenden Ist-Werte für Nutzeneffekte und Kosten erfasst werden.[194]

8.1.3. Anforderungskonformität der Projekte*

Formel

$$\textit{Anforderungskonformität der Projekte (in \%)} = \frac{\textit{Anzahl anforderungskonforme Projekte} * 100}{\textit{Gesamtprojektanzahl}}$$

Kennzahlenbeschreibung

Diese Kennzahl beschreibt die Häufigkeit anforderungskonformer Projekte an der Gesamtprojektzahl. Anforderungskonform sind all jene Projekte, die KM und QM ohne regulierende bzw. korrigierende Aktivitäten durchlaufen. Nicht anforderungskonforme Projekte sind entsprechend die Projekte, in denen KM und QM i.S.v. regulierenden bzw. korrigierenden Aktivitäten aktiv werden.

Datenherkunft

Die Daten zur Berechnung der Anforderungskonformität der Projekte stammen aus den Bereichen KM und QM, deren Projektdokumentation sowie entsprechenden Mitarbeiterberichten.

Bewertung

Generell ist zu unterscheiden, ob Sonderfreigaben Anforderungskonformität darstellen oder nicht. Zudem kann die Kennzahl auf einzelne

---

[194] Vgl.: Kütz, Martin: Kennzahlen in der IT. Werkzeuge für Controlling und Management. (dpunkt.verlag GmbH 2007: 302).

Projekte, Projektgruppen oder das gesamte Projektportfolio bezogen sein.

Die Anforderungskonformität der Projekte sollte in Zusammenhang mit dem Projektumfang und dem damit verbundenen Schwierigkeitsgrad betrachtet werden. Die Kennzahl kann zudem mit der Projektpersonalintensität sowie der Projektbetreuungsqualität und der Kundenzufriedenheit kombiniert werden.

Verändert sich der Wert der Kennzahl, sind die Ursachen, die Kundenzufriedenheit und die strategische Planung und Abteilungsausrichtung zu prüfen.

8.1.4. Grad der Regulierungsaktivitäten*

Formel

$$\text{Grad der Regulierungsaktivitäten} = \frac{\text{Anzahl Regulierungsaktivitäten}}{\text{Anzahl der nicht anforderungskonformen Projekte}}$$

Kennzahlenbeschreibung

Der Grad der Regulierungsaktivitäten drückt die Häufigkeit, mit der KM und QM bei nicht anforderungskonformen Projekten aktiv werden, aus. Als nicht anforderungskonform gelten jene Projekte, in die durch die Bereiche KM und QM regulierend bzw. korrigierend eingegriffen werden musste.

Datenherkunft

Die Daten zur Erfassung des Grades der Regulierungsaktivitäten kommen aus den Bereichen KM und QM, deren Projektdokumentation und Mitarbeiterberichten bzw -gesprächen.

Bewertung

Generell ist die Bedeutung von Sonderfreigaben als anforderungskonformer Projektabschluss klar zu stellen. Zudem kann der Grad der Regulierungsaktivitäten auf einzelne Projekte, Projektgruppen oder das gesamte Projektportfolio fokussieren. Verändert sich der Wert des Grades der Regulierungsaktivitäten, ist eine Ursachenanalyse durchzuführen, die Kundenzufriedenheit sowie die strategische Planung und Abteilungsausrichtung zu prüfen.

Diese Kennzahl kann mit allen Projektkennzahlen, v.a. mit dem Projektumfang, dem Schwierigkeitsgrad, der Betreuungsqualität, der Personalintensität und der Kundenzufriedenheit kombiniert werden.

8.2. Meetings und Sitzungen

8.2.1. Sitzungsanteile*

Formel

$$\textit{Sitzungsanteile (in \%)} = \frac{\textit{Anzahl Sitzung X} * 100}{\textit{Gesamtsitzungsanzahl}}$$

Kennzahlenbeschreibung

Die Kennzahl beschreibt den Umfang der Meetings und Sitzungen an ihrer Gesamtanzahl.

Datenherkunft

Die Daten zur Messung dieser Kennzahl stammen aus Mitarbeiterberichten und -gesprächen der Bereiche KM und QM.

Bewertung

Die Kennzahl trifft keine Aussagen zu den Sitzungsgründen. Daher ist sie mit der Sitzungsdauer, der -häufigkeit, der -erfolgsrate und der Anzahl der Teilnehmer zu kombinieren.

Ein steigender Wert der Kennzahl erfordert neben einer Prüfung der Gründe für die vermehrten Sitzungen eine genaue Analyse des Umfangs der Sitzungen. Sinkt dagegen der Anteil bestimmter Sitzungen an der Gesamtanzahl der Sitzungen ist zu prüfen, welche Gründe hierfür vorliegen und inwiefern die Kundenzufriedenheit beeinflusst wird.

8.2.2. Sitzungserfolge*

Formel

$$\textit{Sitzungserfolge (in \%)} = \frac{\textit{Gesamtsitzungsanzahl} * 100}{\textit{Gesamtanzahl der getroffenen Entscheidungen}}$$

Kennzahlenbeschreibung

Die Sitzungserfolge beschreiben die Höhe der verschiedenen Sitzungen „im Verhältnis zu allen innerhalb eines Zeitraums gefällten Entscheidungen."[195]

Datenherkunft

Die Grundlage für diese Kennzahl sind primär Mitarbeiterberichte.

Bewertung

Die Sitzungserfolge sagen nichts über die Gründe für die Sitzungen, die Teilnehmerzahl und Personalkosten sowie den Einfluss der Teilnehmerzahl und -zusammensetzung auf die Sitzungseffizienz aus. Zur Steigerung ihrer Aussagekraft kann diese Kennzahl mit der Mitarbeiterzufriedenheit, den Zielerreichungsgraden sowie der Sitzungsdauer in Zusammenhang gebracht werden.[196]

Steigt die Sitzungshäufigkeit, sollten nicht nur die Gründe, sondern auch die Zusammensetzung der Sitzungsteilnehmer und die Sitzungseffizienz untersucht werden. Bei einer sinkenden Sitzungshäufigkeit soll-

---

195 Nach: Ossola-Haring, Claudia (Hrsg.): Das große Handbuch Kennzahlen zur Unternehmensführung. Kennzahlen richtig verstehen, verknüpfen und interpretieren (Redline Wirtschaft bei verlag moderne industrie 2003: 217).

196 Vgl.: Ossola-Haring, Claudia (Hrsg.): Das große Handbuch Kennzahlen zur Unternehmensführung. Kennzahlen richtig verstehen, verknüpfen und interpretieren (Redline Wirtschaft bei verlag moderne industrie 2003: 218-219).

te die Entscheidungsfreude der Mitarbeiter gestärkt und das Betriebsklima geprüft werden.[197]

8.3. Projektstatus

8.3.1. Projektfortschrittsgrad*

Formel

$$\textit{Projektfortschrittsgrad} = \frac{\textit{Ist-Projektstand}}{\textit{Plan-Projektstand}}$$

Kennzahlenbeschreibung

Der Projektfortschrittsgrad im Berichtszeitraum wird in der Form Ist-Wert zu Ziel-Wert gemessen. Der Ziel-Wert am Projektende beträgt 1.

Datenherkunft

Die Datenermittlung ist i.d.R. einfach. Voraussetzung ist die konsequente Erfassung von Leistungsdaten im Projekt. Hauptschwierigkeit dabei ist die Definition der fachlichen Fertigstellung. Möglich sind folgende Betrachtungen:

- Die Plan-Leistung entspricht der Anzahl der Arbeitspakete, die Ist-Leistung der Anzahl der abgeschlossenen Arbeitspakete.
- Die Plan-Leistung benennt die Anzahl der Arbeitspakte, die Ist-Leistung die Leistung nach vorgeschriebenen Abstufungen noch nicht begonnen = 0 %, begonnen = 25 %, fast fertig = 75 %, abgeschlossen = 100%).
- Eine direkte Schätzung des fachlichen Fertigstellungsgrades erfolgt durch Arbeitspaketverantwortliche.
- Berechnung des fachlichen Fertigstellungsgrad.[198]

---

197 Vgl.: Ossola-Haring, Claudia (Hrsg.): Das große Handbuch Kennzahlen zur Unternehmensführung. Kennzahlen richtig verstehen, verknüpfen und interpretieren (Redline Wirtschaft bei verlag moderne industrie 2003: 218).

Fachlicher Fertigstellungsgrad

$$Fertigstellungsgrad = \frac{Ist - Dauer}{Ist - Dauer + geschätzte\ Restdauer}$$

Bewertung

Der Projektfortschrittsgrad kann für einzelne Arbeitspakte, Teilprojekte, ein Gesamtprojekt, Projektgruppen oder das gesamte Projektportfolio berechnet werden. Er stellt Basisinformationen für das Projektmanagement dar, da Projekte im Wesentlichen über den Fortschrittsgrad nach Zeit, Kosten und fachlicher Fertigstellung steuerbar sind.[199]

Vom Projektfortschrittsgrad abgeleitete Kennzahlen sind der Quotient aus unterschiedlichen Fortschrittsgraden, z.B. der Fortschrittsgrad bezogen auf die fachliche Fertigstellung oder den zeitlichen Fortschrittsgrad.

8.3.2. Budgetausschöpfungsgrad

Formel

$$Budgetausschöpfungsgrad = \frac{Volumen\ budgetwirksamer\ Auszahlungen}{Volumen\ Budget}$$

Kennzahlenbeschreibung

Der Budgetausschöpfungsgrad erfasst i.d.R. nur Budgets auf Abteilungskostenstellen, aber keine versteckten Budgets auf Fachbereichs- oder Kundenseite.[200]

Der Ziel-Wert des Budgetausschöpfungsgrades ist zum Ende des Planungszeitraums 1. Liegt der Wert darüber, so wurde das Budget über-

---

198 Vgl.: Kütz, Martin: Kennzahlen in der IT. Werkzeuge für Controlling und Management. (dpunkt.verlag GmbH 2007: 300).

199 Vgl.: Kütz, Martin: Kennzahlen in der IT. Werkzeuge für Controlling und Management. (dpunkt.verlag GmbH 2007: 300).

200 Vgl.: Kütz, Martin: Kennzahlen in der IT. Werkzeuge für Controlling und Management. (dpunkt.verlag GmbH 2007: 223).

schritten. Bei einem geringeren Budgetausschöpfungsgrad wurde es dagegen nicht ausgeschöpft.

Datenherkunft

Die Daten zur Ermittlung des Budgetausschöpfungsgrades stammen aus der Budgetplanung, aus dem Standardberichtswesen sowie aus Kostenberichten.

Bewertung

Diese Kennzahl kann sich auf eine Kostenstelle, eine Gruppe von Kostenstellen, auf Abteilungskosten oder lediglich auf Abteilungsinvestitionen beziehen. Auch die Bildung bestimmter Teilbudgets ist möglich.

Grundsätzlich zeigt der Budgetausschöpfungsgrad Mittelabflüsse in den Bereichen KM und QM, bezogen auf das in der Planungsperiode verfügbare Budget, an. Es ist somit eine zentrale Steuerungsgröße zur Umsetzung der Periodenplanung.[201]

8.3.3. Realisierungsgrad Projekt*

Realisierungsgrad Projekt, Einhaltung Zeitplan

Formel

$$\textit{Realisierungsgrad Projekt, Einhaltung Zeitplan} = \frac{\textit{Ist - Projektmeilenstein}}{\textit{Plan - Projektmeilenstein}}$$

Kennzahlenbeschreibung

Der Realisierungsgrad Projekt bzgl. des Zeitplans betrachtet den derzeitigen Projektstand durch einen Vergleich der im Projektlebenszyklus erreichten Projektmeilensteine mit den Plan-Projektmeilensteinen. Der Ziel-Wert des Realisierungsgrades eines Projektes beträgt 1.

201 Vgl.: Kütz, Martin: Kennzahlen in der IT. Werkzeuge für Controlling und Management. (dpunkt.verlag GmbH 2007: 224).

Datenherkunft

Die Daten zur Erfassung des Realisierungsgrades Projekt hinsichtlich des Zeitplans beziehen sich auf den neu aufgestellten Projektlebenszyklus. Dieser wurde im Rahmen der vorliegenden Arbeit konzipiert. Daher gibt es noch keine Datensätze. Sie sind auf Basis des o.g. Projektlebenszyklus im Projektmanagement durch einen zu benennenden Verantwortlichen zu erfassen.

Bewertung

Diese Kennzahl kann sich auf ein einzelnes Projekt, eine Projektgruppe oder auch das gesamte Projektportfolio beziehen. Im Rahmen der Projektgruppe und des Projektportfolios werden Durchschnittswerte bzgl. aller in ihrem Zusammenhang erfassten Kennzahlen betrachtet.

Bei einem steigenden Kennzahlenwert sind neben einer Ursachenanlayse ggf. neue Verfahren zu prüfen und bei Ursächlichkeit für den Realisierungsgrad zu standardisieren. Sinkt der Kennzahlenwert, sind die Ursachen für den Verzug zu klären sowie diesbzgl. Mitarbeitergespräche zu führen. Zudem sind die Änderungsdichte sowie die Störungsdichte zu kontrollieren.

Der Realisierungsgrad Projekt, Einhaltung Zeitplan kann mit dem Realisierungsgrad, Einhaltung Budget, der Änderungsdichte oder der Störungsdichte kombiniert sowie in Zusammenhang mit den Änderungen am KM-Plan und am QM-Plan gesetzt werden.

Realisierungsgrad Projekt, Einhaltung Budget

Formel

$$\textit{Realisierungsgrad Projekt, Einhaltung Budget} = \frac{\textit{Ist - Budgetvolumen}}{\textit{Plan - Budgetvolumen}}$$

Kennzahlenbeschreibung

Der Realisierungsgrad Projekte, Einhaltung Budget fokussiert den aktuellen Projektstand. Der Ziel-Wert des Realisierungsgrades eines Projektes, Einhaltung Budget beträgt 1.

Datenherkunft

Die Daten zur Bestimmung des Realisierungsgrad Projekt, Einhaltung Budget basieren wie die Daten des Realisierungsgrades Projekt, Einhaltung Zeitplan auf dem im Rahmen der vorliegenden Arbeit entwickelten Projektlebenszyklus. Die relevanten Plan- und Ist-Daten der Projektmeilensteine sind durch den im Rahmen des Projektmanagements Verantwortlichen zu erfassen.

Bewertung

Der Realisierungsgrad Projekt, Einhaltung des Budgets nimmt auf ein einzelnes Projekt, eine Projektgruppe oder auch das gesamte Projektportfolio Bezug.

Steigt der Kennzahlenwert, sind neben einer Ursachenanalyse ggf. neue Verfahren zu prüfen. Des Weiteren sind sie, sofern sie ursächlich für den Kennzahlenwert maßgebend sind, für den Realisierungsgrad zu standardisieren. Sinkt der Wert des Realisierungsgrades Projekt, Einhaltung Budget, sind eine Ursachenanalyse und Mitarbeitergespräche zu führen sowie die Änderungsdichte und die Störungsdichte zu kontrollieren.

Der Realisierungsgrad Projekt, Einhaltung Budget ist mit dem Realisierungsgrad Projekt, Einhaltung Zeitplan, der Änderungsdichte, der Störungsdichte sowie mit den Änderungen am KM-Plan und am QM-Plan kombinierbar.

8.3.4. Termintreue*

Formel

$$\text{Termintreue} = \frac{\text{Anzahl eingehaltene Termine}}{\text{Anzahl sämtlicher Termine im Projekt}}$$

Kennzahlenbeschreibung

Die Termintreue im Rahmen von Projekten misst den Grad der Einhaltung von fixen Terminen im Rahmen der Projekte.

Datenherkunft

Die Daten zur Bestimmung der Termintreue basieren auf einem aufzustellenden Termintreueindex, der in Anlehnung an die interne Auditzeitplanung zu erstellen ist. Daten zur Bestimmung dieser Kennzahl werden bei einigen Unternehmen bereits durch die Abteilung Produktion erfasst. Dort wird der Grad der Termintreue, der auf der Anzahl der eingehaltenen Termine und der Anzahl sämtlicher Termine im Projekt aufbaut, ermittelt.

Bewertung

Die Termintreue fokussiert grundsätzlich ein Projekt. Der Vergleich mit anderen Projekten stärkt ebenso wie die Betrachtung von weiteren Projektkennzahlen ihren Aussagegehalt. Zudem sollte die Termintreue in Zusammenhang mit prozessbedingten Pufferzeiten und Leerzeiten betrachtet werden.

Steigt der Wert der Termintreue, sind neben einer Ursachenanalyse ggf. die Projektpersonalintensität und der Realisierungsgrad, Einhaltung Zeitplan zu betrachten. Nimmt die Termintreue ab, sind die Ursachen hierfür zu analysieren und Mitarbeitergespräche zu führen.

8.3.5. Verzug

Formel

$$Verzug\ (in\ \%) = \frac{Ist - Projektstand\ *\ 100}{Plan - Projektstand}$$

Kennzahlenbeschreibung

Der Verzug sagt aus, inwiefern der Zeitplan erfüllt wird. Voraussetzung zur Ermittlung dieser Kennzahl sind Planzahlen zu Projektmeilensteinen, Arbeitspaketen oder Zwischenzielen.

Datenherkunft

Die Daten zur Bestimmung des Verzugs stammen aus Mitarbeiterberichten, Projektplänen sowie aus den Zeitangaben der KM- und QM-Pläne.

Bewertung

Der Verzug sagt nichts über die damit verbundenen Kosten, einen Imagewandel oder die Gründe für den Verzug aus.

Steigt der Kennzahlenwert an, sind die Gründe zu untersuchen, die Kommunikation und die Kundenzufriedenheit zu prüfen. Auch eine Änderung i.S.v. Verlagerung der Zwischenziele bzw. Meilensteine sollte überdacht werden. Bei einem sinkenden Verzugswert ist neben der Ursachenanalyse eine Kundenzufriedenheitsanalyse durchzuführen.

Diese Kennzahl kann mit der Kundenzufriedenheit, Kennzahlen zur Veränderungsanzahl und -häufigkeit sowie zum Fehlerauftreten kombiniert werden.

8.3.6. Projektbetreuungsdauer

Formel

$$Projektbetreuungsdauer\ (in\ ZE) = Beginn\ Projektbetreuung\ -\ Beginn\ Produktion$$

Kennzahlenbeschreibung

Die Projektbetreuungsdauer gibt den Zeitrahmen an, die ein Produkt benötigt, „um - beginnend ab dem Zeitpunkt der Eigenentwicklung - tatsächlich marktreif zu sein respektive in die Produktion zu gehen".[202]

Datenherkunft

Die Daten zur Bestimmung der Projektbetreuungsdauer kommen aus Mitarbeiterberichten über den Beginn der Projektbetreuung sowie den Beginn der Produktauslieferung.[203]

Bewertung

Die Kennzahl liefert keine Aussagen über verursachte Kosten, die tatsächliche Produktionsreife, den Erfolg am Markt oder Nachbesserungen.

Bei einer steigenden Projektbetreuungsdauer sind die Gründe hierfür sowie Möglichkeiten zur Verkürzung zu prüfen.[204] Sinkt die Kennzahl, sind die Vorteilhaftigkeit der schnelleren Dauer, die finanzielle und personelle Ausstattung zu kontrollieren und die „Qualität der produktions-/ marktreifen Produkte"[205] zu prüfen.

---

202 Nach: Ossola-Haring, Claudia (Hrsg.): Das große Handbuch Kennzahlen zur Unternehmensführung. Kennzahlen richtig verstehen, verknüpfen und interpretieren (Redline Wirtschaft bei verlag moderne industrie 2003: 169).

203 Vgl.: Ossola-Haring, Claudia (Hrsg.): Das große Handbuch Kennzahlen zur Unternehmensführung. Kennzahlen richtig verstehen, verknüpfen und interpretieren (Redline Wirtschaft bei verag moderne industrie 2003: 169).

204 Vgl.: Ossola-Haring, Claudia (Hrsg.): Das große Handbuch Kennzahlen zur Unternehmensführung. Kennzahlen richtig verstehen, verknüpfen und interpretieren (Redline Wirtschaft bei verlag moderne industrie 2003: 170).

205 Nach: Ossola-Haring, Claudia (Hrsg.): Das große Handbuch Kennzahlen zur Unternehmensführung. Kennzahlen richtig verstehen, verknüpfen und interpretieren (Redline Wirtschaft bei verlag moderne industrie 2003: 169).

Die Projektbetreuungsdauer unter anderem kann mit der Forschungsqualität kombiniert werden.[206]

8.3.7. Durchlaufzeit der Änderungsanträge*

Durchlaufzeit I der Änderungsanträge

Formel

$$\text{Durchlaufzeit I der Änderungsanträge (in Stunden/Änderungsvorschlag)} = \frac{\sum(\text{Eingang Änderungsantrag} - \text{Entscheidung über Änderungsantrag})}{\text{Anzahl Änderungsanträge}}$$

Kennzahlenbeschreibung

Die Durchlaufzeit I der Änderungsanträge betrachtet die durchschnittliche Dauer vom Eingang von Änderungsanträgen an ein Projekt bis zur Entscheidung über Ablehnung oder Umsetzung. Sowohl Anfang als auch Ende müssen präzise definiert werden.

Datenherkunft

Die Daten zur Ermittlung der Durchlaufzeit I der Änderungsanträge sind durch die Mitarbeiter des jeweiligen Projektes zu erfassen.

Bewertung

Die Durchlaufzeit I der Änderungsanträge trifft keine Aussagen zu den Ursachen ihrer Dauer. Diese sind daher bei Änderungen des Wertes zu analysieren. Des Weiteren sind Mitarbeitergespräche bzgl. der Mitarbeiterauslastung zu führen.

Diese Kennzahl kann mit der Durchlaufzeit II der Änderungsanträge kombiniert werden.

---

206 Vgl.: Ossola-Haring, Claudia (Hrsg.): Das große Handbuch Kennzahlen zur Unternehmensführung. Kennzahlen richtig verstehen, verknüpfen und interpretieren (Redline Wirtschaft bei verlag moderne industrie 2003: 169).

Durchlaufzeit II der Änderungsanträge

Formel

$$\text{Durchlaufzeit II der Änderungsanträge (in Stunden/Änderungsvorschlag)} = \frac{\sum(\text{Entscheidung über Änderungsantrag} - \text{Umsetzung Änderungsantrag})}{\text{Anzahl Änderungsanträge}}$$

Kennzahlenbeschreibung

Die Durchlaufzeit II der Änderungsanträge beschreibt die durchschnittliche Dauer von der Entscheidung, den Änderungsantrag zum Projekt vorzunehmen, bis zur tatsächlichen Realisierung. Diese Zeitpunkte sind konkret zu definieren.

Datenherkunft

Die Daten zur Berechnung dieser Kennzahl sind durch eine projektbezogene Zeitkontierung der Mitarbeiter zu ermitteln.

Bewertung

Generell ist zu beachten, dass sich die Durchlaufzeit II der Änderungsanträge lediglich auf die Änderungsanträge zum Projekt bezieht.

Verändern sich die Werte der Kennzahl, sind eine Ursachenanalyse sowie Mitarbeitergespräche bzgl. der Mitarbeiterauslastung durchzuführen.

Diese Kennzahl kann in Kombination mit der Durchlaufzeit I der Änderungsanträge betrachtet werden.

8.3.8. Anzahl Änderungsanträge*

Formel

$$\text{Anzahl Änderungsanträge} = \text{realisierte Änderungsanträge} + \text{abgelehnte Änderungsanträge}$$

Kennzahlenbeschreibung

Die Anzahl Änderungsanträge beschreibt die insgesamt pro Projekt eingegangenen Änderungsanträge, unabhängig davon, ob sie realisiert oder abgelehnt wurden.

Datenherkunft

Die Daten zur Berechnung dieser Kennzahl sind dem KM zu entnehmen.

Bewertung

Generell ist zu beachten, dass sich die Anzahl Änderungsanträge auf ein Projekt bezieht. Dabei werden jedoch keine Aussagen zur Realisierung der Änderungsanträge getroffen. Die Kennzahl kann jedoch Aufschluss bzgl. der Termintreue geben.

Verändern sich die Werte der Anzahl Änderungsanträge, sind sowohl eine Ursachenanalyse durchzuführen als auch weitere Projektkennzahlen näher zu betrachten.

8.3.9. Anzahl Fehlermeldungen*

Formel

$$\mathit{Anzahl\ Fehlermeldungen} = \mathit{freigegebene\ Fehlermeldungen} + \mathit{zu\ bearbeitende\ Fehlermeldungen}$$

Kennzahlenbeschreibung

Die Anzahl Fehlermeldungen betrachtet die insgesamt für ein Projekt aufgetretenen Fehlermeldungen, unabhängig von ihrem Bearbeitungsstatus und ihrer Gewichtung (Fehlerklassifizierung).

Datenherkunft

Die Daten zur Berechnung der Anzahl Fehlermeldungen stammen aus dem KM.

Bewertung

Die Anzahl Fehlermeldungen werden projektbezogen ermittelt, können jedoch zum Vergleich mit anderen Projekten herangezogen werden. Die Anzahl Fehlermeldungen ist ein Indikator für die Termintreue und die Einhaltung von Zeitplan und Budget.

Diese Kennzahl sollte stets in Zusammenhang mit einer Fehlerklassifizierung vorgenommen werden.

Tabelle 12: Fehlerklassifizierung

KLASSIFIZIERUNGSGRAD	FEHLERART	BESCHREIBUNG
1		
2		
3		
4		
5		

Quelle: Eigene Darstellung.

8.3.10. Anzahl Bauabweichungen*

Formel

$$\textit{Anzahl Bauabweichungen} = \textit{genehmigte Bauabweichungen} + \textit{diskutierte Bauabweichungen}$$

Kennzahlenbeschreibung

Die Anzahl Bauabweichungen bezieht sich auf die projektbezogen eingegangenen Baubweichungen, die entweder bereits genehmigt oder noch zur Diskussion vorliegen.

Datenherkunft

Die Daten zur Bestimmung der Anzahl Bauabweichungen werden i.d.R. bereits durch die Betrachtung der Stördaten für die Projekte durch das KM erfasst.

Bewertung

Die Anzahl Bauabweichungen wird projektbezogen erfasst. Die Anzahl der Bauabweichungen kann Informationen bzgl. der Projektorganisation und Umsetzungen gemäß der Planung geben. Um den Aussagegehalt der Kennzahl zu prüfen, ist sie mit weiteren Projektkennzahlen sowie den Kennzahlen zum Umfang vom KM-Plan und QM-Plan zu kombinieren.

8.4. Projektbetreuung

8.4.1. Leerzeit*

$$Leerzeit\ (in\ \%) = \frac{Leerstunden * 100}{Projektstunden}$$

Kennzahlenbeschreibung

Der Anteil der Leerstunden an der Gesamtzahl der für das Projekt aufgewendeten Stunden ist ein Indikator für die Effizienz der Projektbetreuung.

Die Leerzeit kann für die prozessbedingten Pufferzeiten sowie die gesamte Arbeitszeit der Abteilungsmitarbeiter betrachtet werden.

Datenherkunft

Die Daten zur Bestimmung der Leerzeit stammen aus der Personalabteilung. Eine konkrete Erfassung von Leerstunden, in denen keine effektive Arbeitsleistung erbracht wurde, durch die Mitarbeiter ist nicht möglich.

Bewertung

Steigt der Anteil der Leerzeit, sind das entsprechende Projekt sowie die Kommunikation zwischen den projektbeteiligten Mitarbeitern zu analysieren. Zudem sollte die Leerzeit in kürzeren Abständen kontrolliert werden. Sinkt die Leerzeit, ist die Zufriedenheit der Mitarbeiter im Projekt zu untersuchen.

8.4.2. Projektpersonalintensität*

Formel

$$\textit{Projektpersonalintensität (in Mitarbeiter/Projekt)} = \frac{\textit{gebundenes Personal}}{\textit{Projekt}}$$

Kennzahlenbeschreibung

Die Projektpersonalintensität gibt die Anzahl des im Durchschnitt in Projekten gebundenen Personals an. Die Kennzahl kann sich dabei auf ein Projekt, eine Projektgruppe oder das gesamte Projektportfolio beziehen

Datenherkunft

Die Daten zur Berechnung der Projektpersonalintensität stammen aus Mitarbeiterberichten sowie der Personalplanung der Bereiche KM und QM.

Bewertung

Bei einer steigenden Projektpersonalintensität sind neben einer Ursachenanalyse konkret der Umfang, die Bedeutung und die Fristigkeit des Projektes, der Projektgruppe oder des Projektportfolios zu prüfen. Sinkt dagegen der Wert der Projektpersonalintensität, sind eine Ursachenanalyse durchzuführen, die Kundenzufriedenheit zu prüfen und Mitarbeitergespräche hinsichtlich der Projektbetreuung zu führen. Über die Mitarbeitergespräche ist zu kontrollieren, inwiefern eine Über- oder Unterlastung der Mitarbeiter vorliegt.

Die Projektpersonalintensität ist in Zusammenhang mit der Projektbetreuungsqualität sowie dem Projektumfang zu setzen.

8.4.3 Projektbetreuungsqualität

Formel

$$\textit{Projektbetreuungsqualität (in Projekt/Mitarbeiter)} = \frac{\textit{betreute Projekte}}{\textit{Mitarbeiter}}$$

Kennzahlenbeschreibung

Die Projektbetreuungsqualität befasst sich mit der Anzahl der betreuten Projekte pro Mitarbeiter. Sie kann sich auch auf die einzelnen Mitarbeiter, Mitarbeitergruppen sowie die Bereiche KM und QM beziehen.

Datenherkunft

Die Daten zur Erfassung der Projektbetreuungsqualität kommen direkt aus den Bereichen KM und QM, deren Projektplanung sowie entsprechenden Mitarbeiterberichten.

Bewertung

Die Projektbetreuungsqualität ist generell nur in Zusammenhang mit Daten zum Projektumfang und zur Projektbedeutung zu sehen. Zudem kann die Projektbetreuungsqualität mit der Projektpersonalintensität kombiniert betrachtet werden.

Verändert sich die Projektbetreuungsqualität, sind das Verhältnis sämtlicher Projekte zu den Mitarbeitern zu prüfen, eine Ursachen- sowie eine Fehleranalyse durchzuführen und Mitarbeitergespräche hinsichtlich Über- und Unterlastung und der Möglichkeit, die Projekte konzentriert zu bearbeiten, zu führen.

8.4.4. Aufwand für Projekt-Kunden-Betreuung

Formel

Aufwand für Projekt-Kunden-Betreuung (in €)
= Kundenkontakte, Kundenbesuche, Meetings, ...

Kennzahlenbeschreibung

Der Aufwand für die Projekt-Kunden-Betreuung umfasst die Kosten der Betreuung des ausgewählten Kunden eines Projekts. Hierzu muss der Betreuungsbegriff abgegrenzt werden.

Datenherkunft

Die Kosten zur Ermittlung der Kennzahl stammen aus der kundenbezogenen Kostenrechnung, der Aufwand in Personaltagen wird aus der Zeiterfassung der Mitarbeiter abgeleitet. Sind die Kosten nicht ermittelbar, muss der Betreuungsaufwand in Personentagen als Grundlage dienen.[207]

Bewertung

Diese Kennzahl basiert auf der Zielsetzung, dass ein angemessener Betreuungsaufwand existiert. Dadurch wird die Steuerung des Mitarbeitereinsatzes vereinfacht.[208]

Der Aufwand für die Projekt-Kunden-Betreuung sollte generell in Zusammenhang mit der Kundenzufriedenheit betrachtet werden.

8.4.5. Zufriedenheit der Mitarbeiter im Projekt*

Formel

$$\text{Zufriedenheit der Mitarbeiter im Projekt} = \sum \text{Zufriedenheitsgrad der Mitarbeiter gemäß Fragebogen}$$

207 Vgl.: Kütz, Martin: Kennzahlen in der IT. Werkzeuge für Controlling und Management. (dpunkt.verlag GmbH 2007: 232).

208 Vgl.: Kütz, Martin: Kennzahlen in der IT. Werkzeuge für Controlling und Management. (dpunkt.verlag GmbH 2007: 233).

Fragebogen zur Ermittlung der Zufriedenheit der Mitarbeiter im Projekt

---

Im Rahmen unserer internen Evaluation haben wir einige Fragen.

Vielen Dank für Ihre Mitarbeit!

I Angaben zum Projekt

1. Projektname: ....
2. Projektbeginn: ....
3. erreichter Projektmeilenstein: ....
4. Datum: ....

II Zufriedenheit im Projekt

1. Wie zufrieden sind Sie mit Ihrem derzeitigen Projekt?	☐ ++	☐ +	☐ +/-	☐ -	☐ --
2. Sind Sie seit Beginn in diesem Projekt?	☐ ++	☐ +	☐ +/-	☐ -	☐ --
3. Empfinden Sie das Projekt als positiv für Ihren beruflichen Werdegang?	☐ ++	☐ +	☐ +/-	☐ -	☐ --
4. Entspricht die Beschreibung Ihrer Stelle der Projektrealität (Hierarchie, Verantwortung etc.)?	☐ ++	☐ +	☐ +/-	☐ -	☐ --
5. Wird der Wert Ihrer Arbeit anerkannt?					
Von Kollegen im Projekt	☐ ++	☐ +	☐ +/-	☐ -	☐ --
Von Ihrem Abteilungsleiter	☐ ++	☐ +	☐ +/-	☐ -	☐ --
6. Arbeiten Sie gerne im Team?	☐ ++	☐ +	☐ +/-	☐ -	☐ --

III

1. Wie viel Verantwortung wird Ihnen übertragen?	☐ ++	☐ +	☐ +/-	☐ -	☐ --
2. Arbeiten Sie gerne eigenverantwortlich?	☐ ++	☐ +	☐ +/-	☐ -	☐ --
3. Ist der vorgegebene Projektrealisierungsplan (Einhaltung Budget, Zeitplan) realistisch?	☐ ++	☐ +	☐ +/-	☐ -	☐ --

4. Fühlen Sie sich überfordert?

☐ Ja,	☐ Gelegentlich
	☐ Regelmäßig
	☐ Ständig
☐ Nein	☐ Keine Angabe

2

5. Sind Sie ganzjährig gleichmäßig ausgelastet? ☐ Ja ☐ Nein ☐ Keine Angabe

6. Haben Sie genügend Zeit für alle Tätigkeiten? ☐ Ja ☐ Nein ☐ Keine Angabe

---

IV

1. Stehen Sie Projektkollegen gerne bei Fragen/ Problemen zur Verfügung?	☐ ++	☐ +	☐ +/-	☐ -	☐ --
2. Wie schätzen Sie die Ansprechbarkeit Ihrer Projektkollegen ein?	☐ ++	☐ +	☐ +/-	☐ -	☐ --
3. Suchen Sie bei beruflichen Fragen Unterstützung bei Ihren Projektkollegen?	☐ ++	☐ +	☐ +/-	☐ -	☐ --

---

V

1. Werden Sie ausreichend und zeitnah über Veränderungen informiert?	☐ ++	☐ +	☐ +/-	☐ -	☐ --
2. Wie schätzen Sie die direkte Kommunikation im Projektteam ein?	☐ ++	☐ +	☐ +/-	☐ -	☐ --
3. Denken Sie, dass sie ebenso gut wie Ihre Projektkollegen informiert werden?	☐ ++	☐ +	☐ +/-	☐ -	☐ --
4. Erhalten Sie wichtige Informationen über Projektkollegen?	☐ ++	☐ +	☐ +/-	☐ -	☐ --
5. Was wünschen Sie sich hinsichtlich der Kommunikation?					
Regelmäßige Meetings	☐ ++	☐ +	☐ +/-	☐ -	☐ --
Regelmäßige Feedbacks	☐ ++	☐ +	☐ +/-	☐ -	☐ --
Rundschreiben (z.B. per Email)	☐ ++	☐ +	☐ +/-	☐ -	☐ --
Sonstiges:	☐ ++	☐ +	☐ +/-	☐ -	☐ --

Kennzahlenbeschreibung

Die Zufriedenheit der Mitarbeiter im Projekt betrachtet die Zusammenarbeit in den jeweiligen Projekten. Die Kennzahl fokussiert die Zufriedenheit bzgl. der Zusammenarbeit der verschiedenen Abteilungen der Unternehmen in den Projekten.

Datenherkunft

Die Daten zur Bestimmung der Zufriedenheit der Mitarbeiter im Projekt basieren auf der Auswertung von Befragungen.

Bewertung

Die Zufriedenheit der Mitarbeiter im Projekt kann mit den Zielerreichungsgraden sowie den Realisierungsgraden, Einhaltung Zeitplan und Einhaltung Budget kombiniert werden. Zudem kann die Betrachtung weiterer Projektkennzahlen den Aussagegehalt der Zufriedenheit der Mitarbeiter im Projekt stärken. Verändert sich die Zufriedenheit der Mitarbeiter im Projekt, ist neben der Ursachensuche ein Vergleich mit anderen Projekten durchzuführen.

9. Kennzahlen Konfigurationsmanagement

9.1. *Änderungsmanagement*

9.1.1. Anteil übernommener Änderungsanforderungen*

Formel

$$\textit{Anteil übernommener Änderungsanforderungen (in \%)} = \frac{\textit{Anzahl akzeptierte Änderungsanforderungen} * 100}{\textit{Anzahl eingegangene Änderungsanforderungen}}$$

Kennzahlenbeschreibung

Der Anteil übernommener Änderungen umfasst alle akzeptierten Anforderungen, die nach dem Projektstart eingehen, ins Projekt übernommen werden und somit sowohl den Leistungsumfang als auch die Wirtschaftlichkeit verändern. Die Anforderungen können völlig neu sein, als Modifikationen bereits vorhandener Anforderungen vorliegen oder sogar Auswirkungen auf bereits fertiggestellte Arbeitsergebnisse haben.

Datenherkunft

Zur Berechnung dieser Kennzahl ist eine saubere Registrierung der eingehenden Anforderungen erforderlich. Sämtliche Änderungen sollten projektübergreifend erfasst, verwaltet und hinsichtlich ihres Bearbeitungsstatus gekennzeichnet werden.

Bewertung

Der Anteil übernommener Änderungsanforderungen kann sich auf ein einzelnes Projekt, auf Projektgruppen oder das gesamte Projektportfolio beziehen. Zudem kann die Erfassung bzgl. der Anforderungskategorien detailliert werden. Auch die Betrachtung der zurückgewiesenen Anforderungen ist denkbar. Der Anteil der übernommenen Änderungsanforderungen ist unter anderem für das Leistungs- und Aufwandsmanagement relevant. Sie gilt als Indikator für die Qualität der Anforderungen.

Steigende Werte signalisieren eine zunehmende Gefährdung von Zeitplan und Projektbudget.

9.1.2. Änderungsdichte

Änderungsdichte im Berichtszeitraum

Formel

$$\textit{Änderungsdichte (in Änderungen/Jahr)} = \frac{\textit{Anzahl akzeptierte Änderungsanforderungen}}{\textit{Jahr}}$$

Kennzahlenbeschreibung

Die Änderungsdichte gibt die Anzahl der Änderungsanforderungen an, die im Rahmen eines genehmigten Projekts umgesetzt wurden. Entsprechende Ziel-Werte mit Toleranzgrenzwerten sind organisationsspezifisch festzulegen.[209]

Die Kennzahl kann auch alternativ als Volumen der Änderungsanforderungen erfasst werden.

Datenherkunft

Die Daten zur Bestimmung der Änderungsdichte stammen aus den Aufzeichnungen des Änderungsmanagements.

Bewertung

Die Änderungsdichte steht in Bezug zu einem einzelnen Projekt, einer Projektgruppe oder dem gesamten Projektportfolio. Zudem kann hinsichtlich angenommener bzw. abgelehnter Änderungsanforderungen, des Ursprungsortes und nach den Kategorien der Anforderer unterschieden werden.

---

209 Vgl.: Kütz, Martin: Kennzahlen in der IT. Werkzeuge für Controlling und Management. (dpunkt.verlag GmbH 2007: 298).

Generell ist das Änderungsmanagement zentraler Erfolgsfaktor für die Zielerreichung in Projekten und Frühindikator für die Termin- und Budgeteinhaltung.[210]

Änderungsdichte pro Projekt

Formel

$$\textit{Änderungsdichte (in Änderungen/Projekt)} = \frac{\textit{Anzahl akzeptierte Änderungsanforderungen}}{\textit{Projekt}}$$

Kennzahlenbeschreibung

Diese Kennzahl betrachtet die Anzahl der Änderungen, die pro Projekt vorgenommen wurden. Der Bezugspunkt kann alternativ neben einem einzelnen Projekt auch eine Projektgruppe sein. Ebenso ist die Betrachtung des Projektportfoliodurchschnitts denkbar.[211]

Datenherkunft

Sämtliche Daten zur Berechnung der Anzahl der Änderungen pro Projekt stammen aus dem Änderungsmanagement, also dem KM.

Bewertung

Die Kennzahl kann nach Änderungskategorien, Projektgruppen oder einzelnen Projekten unterschieden und entsprechend betrachtet werden. Sie ist als Frühindikator im Hinblick auf die Änderungsintensität als Indikator für die Stabilität eines Unternehmens geeignet.[212]

9.1.3. Änderungen pro Projekt

Formel

$$\textit{Änderungen (in ME / Projekt)} = \frac{\textit{realisierte Änderungen}}{\textit{Projekt}}$$

210 Vgl.: Kütz, Martin: Kennzahlen in der IT. Werkzeuge für Controlling und Management. (dpunkt.verlag GmbH 2007: 298).

211 Vgl.: Kütz, Martin: Kennzahlen in der IT. Werkzeuge für Controlling und Management. (dpunkt.verlag GmbH 2007: 264).

212 Vgl.: Kütz, Martin: Kennzahlen in der IT. Werkzeuge für Controlling und Management. (dpunkt.verlag GmbH 2007: 265).

Kennzahlenbeschreibung

Diese Kennzahl betrachtet die Anzahl der Änderungen, die pro Projekt vorgenommen wurden. Der Bezugspunkt kann alternativ neben einem einzelnen Projekt auch eine Projektgruppe sein. Ebenso ist die Betrachtung des Projektportfoliodurchschnitts denkbar. Die Zielwerte sind organisationsspezifisch, ggf. produktspezifisch festzulegen.[213]

Datenherkunft

Sämtliche Daten zur Berechnung der Anzahl der Änderungen pro Projekt stammen aus dem Änderungsmanagement, also dem KM.[214]

Bewertung

Die Kennzahl kann nach Änderungskategorien, Projektgruppen oder einzelnen Projekten unterschieden und entsprechend betrachtet werden. Sie ist als Frühindikator im Hinblick auf die Änderungsintensität als Indikator für die Stabilität eines Unternehmens geeignet.[215]

9.1.4. Antwortzeit

Formel

$$Antwortzeit\ (in\ Stunden/Änderungsanforderung) = \frac{\sum Antwortzeit\ Änderungsanforderungen}{Anzahl\ Änderungsanforderungen}$$

Kennzahlenbeschreibung

Die Antwortzeit betrachtet die Zeitspanne nach der Eingabe einer Aufgabenstellung durch den Benutzer bis zu dem Zeitpunkt, an dem die

213 Vgl.: Kütz, Martin: Kennzahlen in der IT. Werkzeuge für Controlling und Management. (dpunkt.verlag GmbH 2007: 264).

214 Vgl.: Kütz, Martin: Kennzahlen in der IT. Werkzeuge für Controlling und Management. (dpunkt.verlag GmbH 2007: 265).

215 Vgl.: Kütz, Martin: Kennzahlen in der IT. Werkzeuge für Controlling und Management. (dpunkt.verlag GmbH 2007: 265).

erste Systemreaktion erfolgt. Die Antwortzeit muss hinsichtlich Anfang und Ende für jeden Fall präzise definiert werden.

Die Kennzahl misst die mittlere Antwortzeit.[216] Diese kann nach Transaktionsgruppen, Anwendungen oder Anwendungsgruppen getrennt betrachtet werden. Entsprechend werden die Ziel-Werte transaktionsspezifisch determiniert.

Die Kennzahl kann alternativ auch hinsichtlich der Bearbeitungszeiten betrachtet werden.

Datenherkunft

Die Daten zur Ermittlung der Antwortzeit werden automatisch in Monitoringsystemen erfasst. Oftmals werden die Daten aufgrund des hohen technischen Aufwands an zentral messbaren Punkten ermittelt.[217]

Bewertung

Die Antwortzeit ist eine wichtige Kennzahl aus dem Systembetrieb. Das Antwortzeitverhalten korreliert mit der Kunden- bzw. Mitarbeiterzufriedenheit. Durch sie werden Leistungsengpässe oder -probleme in Anwendungen oder der Infrastruktur erkennbar.[218]

9.2. *Pflege des Geschäftssystems*

9.2.1. Änderungsvorschlagsrate*

Formel

$$\textit{Änderungsvorschlagsrate (in Änderungsvorschläge/Jahr)} = \frac{\textit{Anzahl eingereichte Änderungsvorschläge}}{\textit{Jahr}}$$

---

216 Vgl.: Kütz, Martin: Kennzahlen in der IT. Werkzeuge für Controlling und Management. (dpunkt.verlag GmbH 2007: 263).

217 Vgl.: Kütz, Martin: Kennzahlen in der IT. Werkzeuge für Controlling und Management. (dpunkt.verlag GmbH 2007: 263).

218 Vgl.: Kütz, Martin: Kennzahlen in der IT. Werkzeuge für Controlling und Management. (dpunkt.verlag GmbH 2007: 263).

Kennzahlenbeschreibung

Die Änderungsvorschlagsrate betrachtet die Anzahl der eingereichten Änderungsvorschläge im Berichtszeitraum. Sie ist Indikator für die Motivation und ggf. die Notwendigkeit von Änderungen.

Datenherkunft

Die Daten basieren auf der Anzahl der eingereichten Änderungsvorschläge im Projektgeschäftssystem KM sowie der Änderungsvorschläge der Nutzer des Geschäftssystems. Sie sind zu ermitteln.

Bewertung

Bei einer sinkenden Änderungsvorschlagsrate sollte die Vorschlagsbereitschaft durch geeignete Maßnahmen gefördert werden.[219] Zudem sollten die Mitarbeitermotivation gesteigert sowie die Aufnahmekriterien für Verbesserungsvorschläge geprüft werden.[220]

9.2.2. Pflegeaufwand Geschäftssystem*

Pflegeaufwand Geschäftssystem pro Jahr

Formel

$$\textit{Pflegeaufwand (in €/Jahr)} = \frac{\sum \textit{Mitarbeiterstunden Pflege Geschäftssystem} * \textit{Personalkosten pro Stunde}}{\textit{Jahr}}$$

Kennzahlenaussage

Diese Kennzahl gibt den im Jahr durchschnittlich anfallenden Pflegeaufwand für das Geschäftssystem an und beinhaltet damit neben dem

219 Vgl.: Ossola-Haring, Claudia (Hrsg.): Das große Handbuch Kennzahlen zur Unternehmensführung. Kennzahlen richtig verstehen, verknüpfen und interpretieren (Redline Wirtschaft bei verlag moderne industrie 2003: 599).

220 Vgl.: Ossola-Haring, Claudia (Hrsg.): Das große Handbuch Kennzahlen zur Unternehmensführung. Kennzahlen richtig verstehen, verknüpfen und interpretieren (Redline Wirtschaft bei verlag moderne industrie 2003: 599).

direkten Pflegeaufwand auch jene Kosten, die für die Prüfung und den Blick auf das Geschäftssystem von KM-Mitarbeitern entstehen.

Datenherkunft

Die Höhe der Mitarbeiterstunden zur Messung des Pflegeaufwandes Geschäftssystem pro Jahr stammen aus Mitarbeiterberichten von KM sowie aus der Zeiterfassung i.S.e. Kontierung durch die Mitarbeiter. Die Personalkosten kommen aus der Personalabteilung.

Bewertung

Der Pflegeaufwand Geschäftssystem pro Jahr trifft generell keine Aussagen zu den Ursachen und den ggf. vorhandenen saisonalen Schwankungen. Durch die kombinierte Betrachtung mit dem Pflegeaufwand pro Änderungsvorschlag sowie der Anzahl der Änderungsvorschläge an das Geschäftssystem kann die Aussagekraft der Kennzahl verstärkt werden.

Steigt der Wert des Pflegeaufwandes Geschäftssystem pro Jahr an, ist die Anzahl der eingegangenen Änderungen sowie der Umfang der Anweisungen im Geschäftssystem zu prüfen und ggf. eine Leerzeitenanalyse der mit der Pflege des Geschäftssystems betreuten Mitarbeiter vorzunehmen. Dieses kann im Rahmen von Mitarbeitergesprächen bzgl. einer Unterforderung erfolgen. Zudem sind strukturelle Veränderungen im Aufbau des Geschäftssystems zu prüfen. Sinkt dagegen der Pflegeaufwand Geschäftssystem pro Jahr, sind die o.g. Kriterien entsprechend zu untersuchen.

Pflegeaufwand Geschäftssystem pro Änderungsvorschlag

Formel

$$Pflegeaufwand\ (in\ €/Änderungsvorschlag) = \frac{\sum Mitarbeiterstunden\ Änderungsvorschlag * Personalkosten\ pro\ Stunde}{Anzahl\ Änderungsvorschläge}$$

Kennzahlenaussage

Diese Kennzahl betrachtet den durchschnittlichen Pflegeaufwand für das Geschäftssystem pro eingereichtem Änderungsvorschlag.

Datenherkunft

Die Höhe der Mitarbeiterstunden zur Messung des Pflegeaufwandes Geschäftssystem pro Änderungsvorschlag basieren auf Mitarbeiterberichten von KM sowie auf der Zeiterfassung i.S.e. Kontierung durch die Mitarbeiter. Die Personalkosten stammen aus der Personalabteilung.

Bewertung

Der Pflegeaufwand Geschäftssystem pro Verbesserungsvorschlag kann durch die Betrachtung des Pflegeaufwands Geschäftssystem pro Jahr und der Anzahl der Änderungsvorschläge an das Geschäftssystem hinsichtlich der Aussagekraft verbessert werden.

Bei einem sich verändernden Pflegeaufwand Geschäftssystem pro Verbesserungsvorschlag, sind die Anzahl der eingegangenen Änderungen und der Anweisungen im Geschäftssystem sowie strukturelle Veränderungen im Aufbau des Geschäftssystems zu prüfen und Mitarbeitergespräche bzgl. einer Über- oder Unterforderung zu führen.

9.2.3. Bearbeitungszeit für Änderungsvorschläge*

Formel

$$\textit{Bearbeitungszeit (in Stunde/Änderungsvorschlag)} = \frac{\sum \textit{Bearbeitungszeit Änderungsvorschlag}}{\textit{Anzahl Änderungsvorschläge}}$$

Kennzahlenbeschreibung

Die Bearbeitungszeit umschreibt die durchschnittliche Zeitspanne vom Öffnen bis zum Schließen eines Änderungsvorschlags an das Geschäftssystem. Sie beinhaltet damit auch ggf. durch Störungen bedingte Unterbrechungen sowie Wartezeiten.

Datenherkunft

Die Daten zur Berechnung dieser Kennzahl kommen aus Mitarbeiterberichten des Aufgabenbereichs KM sowie aus den Kontierungen der Arbeitszeit durch die Mitarbeiter.

Bewertung

Die Bearbeitungszeit für Änderungsvorschläge trifft grundsätzlich keine Aussagen zu der Dauer sowie der Anzahl der vorliegenden Änderungsvorschläge. Ein ansteigender bzw. sinkender Wert der Kennzahl erfordert eine Ursachenanalyse und Mitarbeitergespräche.

Die Bearbeitungszeit für Änderungsanforderungen kann mit den Durchlaufzeiten der Änderungsvorschläge kombiniert werden.

9.2.4. Durchlaufzeit der Änderungsvorschläge*

Durchlaufzeit I

Formel

$$\textit{Durchlaufzeit I (in ZE / ME)} = \frac{\sum \textit{Eingang Änderungsvorschlag} - \textit{Entscheidung Änderungsvorschlag}}{\textit{Anzahl Änderungsanforderungen}}$$

Kennzahlenbeschreibung

Die Durchlaufzeit I betrachtet die durchschnittliche Dauer vom Eingang von Änderungsvorschlägen an das Geschäftssystem bis zur Entscheidung über Ablehung oder Umsetzung. Sowohl Anfang als auch Ende müssen präzise definiert werden.

Die Kennzahl kann alternativ auch Bezug auf alle Änderungsvorschläge, sowohl an das Geschäftssystem als auch an Projekte, auf Änderungsvorschläge an bestimmte Projektgruppen sowie an einzelne Projekte nehmen.

Datenherkunft

Die Daten zur Ermittlung der Durchlaufzeit I sind im Rahmen der aufgabenbezogenen Kontierung der Arbeitszeit durch die Mitarbeiter zu erfassen.

Bewertung

Die Durchlaufzeit I trifft keine Aussagen zu den Ursachen ihrer Dauer. Diese sind daher bei Änderungen des Wertes der Durchlaufzeit I zu analysieren. Des Weiteren sind Mitarbeitergespräche bzgl. der Mitarbeiterauslastung zu führen.

Diese Kennzahl kann mit der Durchlaufzeit II sowie der Bearbeitungsdauer für Änderungsvorschläge kombiniert werden.

Durchlaufzeit II

Formel

$$Durchlaufzeit\ II\ (in\ ZE/ME) = \frac{\sum Entscheidung\ Änderungsvorschlag - Umsetzung\ Änderungsvorschlag}{Anzahl\ Änderungsvorschläge}$$

Kennzahlenbeschreibung

Die Durchlaufzeit II beschreibt die durchschnittliche Dauer von der Entscheidung, die Änderungsvorschläge an das Geschäftssystem vorzunehmen bis zur tatsächlichen Realisierung. Diese Zeitpunkte sind konkret zu definieren.

Diese Kennzahl kann ebenso wie die Durchlaufzeit I alle Änderungsvorschläge, sowohl an das Geschäftssystem als auch an Projekte, Änderungsvorschläge an bestimmte Projektgruppen oder an ein bestimmtes Projekt betrachten.

Datenherkunft

Die Daten zur Berechnung dieser Kennzahl werden durch die aufgabenbezogene Zeitkontierung der Mitarbeiter erfasst.

Bewertung

Generell ist zu beachten, dass sich die Durchlaufzeit II lediglich auf die Änderungsanforderungen an das Geschäftssystem bezieht, die im Rahmen des KM angenommen wurden.

Verändern sich die Werte der Durchlaufzeit II, sind eine Ursachenanalyse sowie Mitarbeitergespräche bzgl. der Mitarbeiterauslastung durchzuführen.

Diese Kennzahl kann in Kombination mit der Durchlaufzeit I und der Bearbeitungsdauer für Änderungsvorschläge betrachtet werden.

9.3. *Konfigurationsmanagementplan*

9.3.1. Entwicklungskosten Konfigurationsmanagementplan*

Formel

$$\textit{Entwicklungskosten KM-Plan (in €)} = \frac{\sum(\textit{Mitarbeiterstunden Entwicklung KM-Plan} * \textit{Personalkosten pro Stunde})}{\textit{Anzahl KM-Pläne}}$$

Kennzahlenbeschreibung

Diese Kennzahl betrachtet die Kosten, die für die Aufstellung eines mit den Kundenwünschen und Betriebsansprüchen konformen KM-Plans entstehen, basierend auf einer finanziellen Bewertung der erforderlichen Arbeitsstunden der Mitarbeiter.

Datenherkunft

Die Mitarbeiterstunden zur Ermittlung der Entwicklungskosten für einen KM-Plan stammen aus der Arbeitszeitkontierung der Mitarbeiter. Die Personalkosten dagegen basieren auf Daten der Personalabteilung.

Bewertung

Diese Kennzahl kann sich sowohl auf einen einzelnen KM-Plan, auf KM-Pläne einer bestimmten Projektgruppe sowie alle KM-Pläne des Berichtszeitraumes beziehen.

Verändern sich die Entwicklungskosten, sind die Ursachen sowie die Spezifika des KM-Plans und die Anzahl der nachfolgend notwendigen Änderungen am KM-Plan zu betrachten. Des Weiteren sind die Entwicklungskosten für den KM-Plan in Zusammenhang mit Projektkennzahlen wie unter anderem mit den Besonderheiten des Projektes, der finanziellen Bedeutung, der Projektlaufzeit und der -betreuungsqualität zu setzen.

9.3.2. Änderungen am Konfigurationsmanagementplan*

Formel

$$\textit{Änderungen KM-Plan} = \frac{\sum \textit{Anzahl Änderungen KM-Plan}}{\textit{Anzahl KM-Pläne}}$$

Kennzahlenbeschreibung

Die Kennzahl bestimmt die Häufigkeit, mit der sich ein KM-Plan nach der Entwicklung noch verändert hat bzw. an die Gegebenheiten oder neue Anforderungen angepasst werden musste.

Datenherkunft

Die Änderungen am KM-Plan werden gemäß den unternehmensspezifischen Dokumentationsanforderungen durch das KM erfasst. Mittels des KM kann die Anzahl der KM-Pläne ermittelt werden

Bewertung

Die Änderungen am KM-Plan geben generell keine Auskunft über die Ursachen und den Umfang dieser Änderungen.

Verändert sich der Wert der Kennzahl, sind insbesondere die Kennzahlen zu betrachten, die die Aussagekraft der Änderungen am KM-Plan verstärken. Dazu zählen primär die Projektkennzahlen. Des Weiteren sind Zusammenhänge zwischen dem Wert der Änderungen am KM-Plan und dem Umfang und der Ursache (intern, extern) der jeweiligen

Änderungen sowie dem Umfang des KM-Plans im Hinblick auf seine Ausgefeiltheit i.S.v. Entwicklungskosten herzustellen.

9.3.3. Pflegeaufwand des Konfigurationsmanagementplans*

Formel

$$\begin{aligned}&\textit{Pflegeaufwand KM-Plan (in €)}\\&=\sum(\textit{Mitarbeiterstunden Pflege KM-Plan} * \textit{Personalkosten pro Stunde})\end{aligned}$$

Kennzahlenbeschreibung

Der Pflegeaufwand des KM-Plans betrachtet die Kosten, die für die Entwicklung, die laufende Berücksichtigung seiner Anforderungen, Aktualisierungen und die Einarbeitung von Änderungen entstehen.

Datenherkunft

Die Daten zur Ermittlung des Pflegeaufwandes des KM-Plans stammen bzgl. der aufgewendeten Zeit aus der Arbeitszeitkontierung der Mitarbeiter sowie bzgl. der Personalkosten aus der Personalabteilung.

Bewertung

Der Pflegeaufwand des KM-Plans bezieht sich auf einen einzelnen KM-Plan, auf KM-Pläne einer bestimmten Projektgruppe oder alle KM-Pläne des Berichtszeitraumes.

Generell sind bei Änderungen des Wertes des Pflegeaufwandes des KM-Planes Projektkennzahlen wie die Projektbetreuungsqualität, die Projektpersonalintensität, der Projektumfang und die Bedeutung des Projektes sowie die Kennzahlen zum KM-Plan in die Betrachtung zu integrieren.

10. Kennzahlen Qualitätsmanagement

10.1. Notwendigkeit von Qualitätsmanagementmaßnahmen

10.1.1. Projekterfolgsrate*

Formel

$$Projekterfolgsrate\ (in\ \%) = \frac{Anzahl\ störungsfreie\ Projekte\ *\ 100}{Gesamtprojektanzahl}$$

Kennzahlenbeschreibung

Die Projekterfolgsrate entspricht in etwa der Anforderungskonformität der Projekte. Es wird die Rate beschrieben, in der Projekte ohne Störungen in Relation zu den Projekten mit Störungen zum Projektende vorliegen. Störungsfrei sind die Projekte, die KM und QM ohne regulierende bzw. korrigierende Aktivitäten durchlaufen.

Datenherkunft

Die Daten zur Berechnung der Projekterfolgsrate stammen aus den Bereichen KM und QM, deren Projektdokumentation sowie entsprechenden Mitarbeiterberichten.

Bewertung

Die Kennzahl kann sich auf einzelne Projekte, Projektgruppen oder das gesamte Projektportfolio beziehen. Die Projekterfolgsrate kann in Kombination mit dem Projektumfang, dem Schwierigkeitsgrad, der Projektpersonalintensität sowie der Projektbetreuungsqualität und der Kundenzufriedenheit betrachtet werden.

Verändert sich der Wert der Kennzahl, sind die Ursache, die Kundenzufriedenheit, die strategische Planung sowie die Ausrichtung des Aufgabenbereichs QM zu prüfen.

10.1.2. Störungsdichte

Störungsdichte pro Jahr

Formel

$$\text{Störungsdichte (in Störungen/Jahr)} = \frac{\text{Anzahl projektbezogene Störungen}}{\text{Jahr}}$$

Kennzahlenbeschreibung

Die Störungsdichte gibt die Anzahl prozessbezogener Störungen in einem Jahr an. Störungen liegen vor, wenn ein Prozess nicht wie geplant oder erwartet arbeitet.[221] Die Störung bezieht sich hierbei auf Einwirkungen im Rahmen des Projektfortschritts, die einen ungehinderten Ablauf beeinträchtigt haben. Hinsichtlich der Störungskategorien kann eine Detaillierung erfolgen.

Generell ist der Ziel-Wert organisationsspezifisch oder ggf. prozessspezifisch festzulegen.[222]

Datenherkunft

Die Daten zur Berechnung der Störungsdichte stammen aus den Aufzeichnungen des Änderungsmanagements.

Bewertung

Die Störungsdichte kann sich auf einzelne Prozesse oder sogar Prozessgruppen beziehen. Sie stellt eine wichtige Kennzahl für den Prozessverantwortlichen dar und ist als Frühindikator für die Prozessqualität geeignet.[223]

Störungsdichte nach Projektumsatz

Formel

$$\text{Störungsdichte (in Störungen/€)} = \frac{\text{Anzahl projektbezogene Störungen}}{\text{Projektumsatz}}$$

---

221 Vgl.: Kütz, Martin: Kennzahlen in der IT. Werkzeuge für Controlling und Management. (dpunkt.verlag GmbH 2007: 257).

222 Vgl.: Kütz, Martin: Kennzahlen in der IT. Werkzeuge für Controlling und Management. (dpunkt.verlag GmbH 2007: 258).

223 Vgl.: Kütz, Martin: Kennzahlen in der IT. Werkzeuge für Controlling und Management. (dpunkt.verlag GmbH 2007: 258).

Kennzahlenbeschreibung

Die Störungsdichte nach dem Projektumsatz als qualitätsorientierte Kennzahl kann in verschiedenen Varianten gemessen werden. So können über Beschwerden die Unzufriedenheit des Nutzers mit dem Service erfasst werden.[224]

Der Umsatz bezieht sich auf das Projekt oder die verrechneten Kosten.[225] Eine weitere Variante ist der Bezug auf abgenommene Leistungseinheiten.

Datenherkunft

Die Daten zur Messung dieser Kennzahl werden im Rahmen der Erfassung der Störungen gesammelt. Zudem stammen weitere Daten aus der Leistungsverrechnung oder der Debitorenbuchhaltung.

Bewertung

Diese Kennzahl kann hinsichtlich einzelner Projekte, Projektgruppen oder sämtlicher Projekte gemessen werden.[226] Die projekt- oder projektgruppenbezogene Detaillierung oder aber die Aggregation nach Störungskategorien ist möglich. Die Ziel-Werte sind stets projektspezifisch für jede Teilperiode vorzugeben.

Die Störungsdichte nach dem Projektumsatz ist zudem indirekter Maßstab für die Kundenzufriedenheit.[227]

10.1.3. Zufriedenheit des Kunden mit Qualität, Vertragserfüllung

---

224 Vgl.: Kütz, Martin: Kennzahlen in der IT. Werkzeuge für Controlling und Management. (dpunkt.verlag GmbH 2007: 239).

225 Vgl.: Kütz, Martin: Kennzahlen in der IT. Werkzeuge für Controlling und Management. (dpunkt.verlag GmbH 2007: 240).

226 Vgl.: Kütz, Martin: Kennzahlen in der IT. Werkzeuge für Controlling und Management. (dpunkt.verlag GmbH 2007: 240).

227 Vgl.: Kütz, Martin: Kennzahlen in der IT. Werkzeuge für Controlling und Management. (dpunkt.verlag GmbH 2007: 240).

Formel

$$\textit{Zufriedenheit des Kunden mit Qualität, Vertragserfüllung (in \%)} = \frac{\textit{zufriedene Kunden} * 100}{\textit{Gesamtkundenanzahl}}$$

Kennzahlenbeschreibung

Diese Kennzahl misst die Höhe des Anteils der Kunden, die mit Leistungen des Unternehmens zufrieden sind. Sie trifft jedoch keine Aussagen zum erreichten Zufriedenheitsgrad, zu den Produkten, Leistungen und den Mitarbeitern, mit denen die Kunden unzufrieden sind.[228]

Datenherkunft

Die Daten zur Bestimmung der Zufriedenheit des Kunden mit der Qualität stammen primär aus Kundenbefragungen. Die Gesamtkundenzahl ergibt sich aus Mitarbeiterberichten.[229]

Bewertung

Die Zufriedenheit der Kunden mit der Qualität ist generell eine Prüfgröße für andere Kennzahlen.[230]

Steigt die Kundenzufriedenheit mit der Qualität, ist neben der Ursachensuche ein Branchenvergleich durchzuführen. Sinkt sie dagegen, müssen zusätzlich Mitarbeiterschulungen durchgeführt werden.[231]

Die Zufriedenheit des Kunden mit der Qualität kann mit den Zielerreichungsgraden kombiniert betrachtet werden.[232]

---

228 Vgl.: Ossola-Haring, Claudia (Hrsg.): Das große Handbuch Kennzahlen zur Unternehmensführung. Kennzahlen richtig verstehen, verknüpfen und interpretieren (Redline Wirtschaft bei verlag moderne industrie 2003: 210).

229 Vgl.: Ossola-Haring, Claudia (Hrsg.): Das große Handbuch Kennzahlen zur Unternehmensführung. Kennzahlen richtig verstehen, verknüpfen und interpretieren (Redline Wirtschaft bei verlag moderne industrie 2003: 210).

230 Vgl.: Kütz, Martin: Kennzahlen in der IT. Werkzeuge für Controlling und Management. (dpunkt.verlag GmbH 2007: 241).

231 Vgl.: Ossola-Haring, Claudia (Hrsg.): Das große Handbuch Kennzahlen zur Unternehmensführung. Kennzahlen richtig verstehen, verknüpfen und interpretieren (Redline Wirtschaft bei verlag moderne industrie 2003: 210).

10.1.4. Zufriedene Kunden

Formel

$$\textit{zufriedene Kunden (in \%)} = \frac{\textit{Anzahl zufriedene Kunden mit Qualität, Vertragserfüllung} * 100}{\textit{Gesamtkundenanzahl}}$$

Kennzahlenbeschreibung

Diese Kennzahl misst die Höhe des Anteils der Kunden, die mit Leistungen des Unternehmens zufrieden sind. Sie trifft jedoch keine Aussagen zum erreichten Zufriedenheitsgrad der Kunden bezüglich der Produkte, Leistungen und den Mitarbeitern, mit denen die Kunden unzufrieden sind.[233] Daten, die auf den Grad der Kundenzufriedenheit verweisen, werden durch den Querschnittsbereich Geschäftssystem im Hinblick auf Kundenäußerungen erfasst. Zudem sind die Daten des Pressemonitorings des Querschnittsbereiches Kommunikation zur Bewertung der Kundenzufriedenheit heranzuziehen.

Datenherkunft

Die Daten zur Bestimmung der Zufriedenheit des Kunden mit der Qualität stammen primär aus Kundenbefragungen. Da dies im Rahmen einiger Unternehmen aufgrund ihrer Branche nicht üblich bzw. möglich ist, ist ein Index zu erstellen. Dieser bewertet Hinweise auf Zufriedenheit bzw. Unzufriedenheit. Die Gesamtkundenzahl ergibt sich aus Mitarbeiterberichten.

---

232 Vgl.: Ossola-Haring, Claudia (Hrsg.): Das große Handbuch Kennzahlen zur Unternehmensführung. Kennzahlen richtig verstehen, verknüpfen und interpretieren (Redline Wirtschaft bei verlag moderne industrie 2003: 211).

233 Vgl.: Ossola-Haring, Claudia (Hrsg.): Das große Handbuch Kennzahlen zur Unternehmensführung. Kennzahlen richtig verstehen, verknüpfen und interpretieren (Redline Wirtschaft bei verlag moderne industrie 2003: 209-210).

Bewertung

Die Zufriedenheit der Kunden mit der Qualität ist generell eine Prüfgröße für andere Kennzahlen.[234] Sie kann mit den Zielerreichungsgraden kombiniert betrachtet werden. Steigt die Kundenzufriedenheit mit der Qualität, ist neben der Ursachensuche ein Branchenvergleich durchzuführen. Sinkt sie dagegen, müssen zusätzlich Mitarbeiterschulungen durchgeführt werden.[235]

10.1.5. Reklamationsquote

Formel

$$\textit{Reklamationsquote (in \%)} = \frac{\textit{Anzahl Kundenreklamationen} * 100}{\textit{Gesamtproduktion}}$$

Kennzahlenbeschreibung

Die Reklamationsquote umfasst den „Anteil der Produkte, die Ihre Qualitätskontrolle passiert haben, die aber aufgrund von Fehlern von den Kunden reklamiert wurden".[236] Sie bezieht sich auf die beim Kunden im Einsatz befindlichen Produkte.

Es werden keine Aussagen zur Reklamationsqualität, zur Ursache, zur Qualität der Qualitätskontrollen und zum Erfolg von neuen Produkten oder Kundeninformationen getroffen.[237]

---

234 Vgl.: Kütz, Martin: Kennzahlen in der IT. Werkzeuge für Controlling und Management. (dpunkt.verlag GmbH 2007: 241).

235 Vgl.: Ossola-Haring, Claudia (Hrsg.): Das große Handbuch Kennzahlen zur Unternehmensführung. Kennzahlen richtig verstehen, verknüpfen und interpretieren (Redline Wirtschaft bei verlag moderne industrie 2003: 210).

236 Nach: Ossola-Haring, Claudia (Hrsg.): Das große Handbuch Kennzahlen zur Unternehmensführung. Kennzahlen richtig verstehen, verknüpfen und interpretieren (Redline Wirtschaft bei verlag moderne industrie 2003: 361).

237 Vgl.: Ossola-Haring, Claudia (Hrsg.): Das große Handbuch Kennzahlen zur Unternehmensführung. Kennzahlen richtig verstehen, verknüpfen und interpretieren (Redline Wirtschaft bei verlag moderne industrie 2003: 361-362).

Datenherkunft

Die Zahl der Reklamationen wird im Rahmen automatischer Zählungen erfasst, die Reklamationsgründe werden über standardisierte Kundenbefragung und die Gesamtproduktion wird über automatische Zählungen, Mitarbeiterberichte und Maschinenkapazitäten erfasst.

Bewertung

Die Kundenreklamationen je Projekt liefern Hinweise für die Kontrolle der Produktionswege, für Kunden-Produkt-Information sowie für die Produktgestaltung.

Verändert sich die Reklamationsquote, sind eine Ursachenanalyse, Mitarbeitergespräche, sowie den Vergleich mit Branchendurchschnittswerten erforderlich.[238]

10.1.6. Einkaufsqualität

Formel

$$\textit{Einkaufsqualität} = \frac{\textit{Anzahl fehlerfreie Lieferungen}}{\textit{Gesamteinkauf}}$$

Kennzahlenbeschreibung

Die Einkaufsqualität gibt den fehlerfrei bezogenen Anteil an Lieferungen vom Gesamteinkauf an.[239] Dies beinhaltet keine Aussagen zur Qualität der einzelnen Lieferungen und Produkte.

---

238 Vgl.: Ossola-Haring, Claudia (Hrsg.): Das große Handbuch Kennzahlen zur Unternehmensführung. Kennzahlen richtig verstehen, verknüpfen und interpretieren (Redline Wirtschaft bei verlag moderne industrie 2003: 362-363).

239 Vgl.: Ossola-Haring, Claudia (Hrsg.): Das große Handbuch Kennzahlen zur Unternehmensführung. Kennzahlen richtig verstehen, verknüpfen und interpretieren (Redline Wirtschaft bei verlag moderne industrie 2003: 371).

Datenherkunft

Die Zahl der fehlerfreien Lieferungen ergibt sich aus den Mitarbeiterberichten der Einkaufsabteilung. Der Gesamteinkauf wird über die Finanzbuchhaltung bestimmt.[240]

Durch die Abteilung Beschaffung wird meist bereits die Fehlerrate der Wareneingänge ermittelt.

Bewertung

Bei einer steigenden Qualität im Einkauf sind neben der Ursachenanalyse Mitarbeitergespräche zu führen sowie ein Vergleich mit dem Branchendurchschnitt durchzuführen. Sinkende Werte erfordern hingegen Lieferantengespräche.[241]

10.1.7. Produktionsqualität

Formel

$$Produktionsqualität = \frac{Anzahl\ fehlerfreie\ Eigenprodukte}{Gesamtproduktion}$$

Kennzahlenbeschreibung

Die Produktionsqualität befasst sich mit dem Anteil der eigengefertigten Produkte, die die Qualitätskontrollen „ohne jegliche Beanstandungen passiert haben oder/ und bei denen es keine Kundenreklamationen gab, die zu Nachbesserungen des Produkts führten".[242]

240 Vgl.: Ossola-Haring, Claudia (Hrsg.): Das große Handbuch Kennzahlen zur Unternehmensführung. Kennzahlen richtig verstehen, verknüpfen und interpretieren (Redline Wirtschaft bei verlag moderne industrie 2003: 365).

241 Vgl.: Ossola-Haring, Claudia (Hrsg.): Das große Handbuch Kennzahlen zur Unternehmensführung. Kennzahlen richtig verstehen, verknüpfen und interpretieren (Redline Wirtschaft bei verlag moderne industrie 2003: 365-366).

242 Nach: Ossola-Haring, Claudia (Hrsg.): Das große Handbuch Kennzahlen zur Unternehmensführung. Kennzahlen richtig verstehen, verknüpfen und interpretieren (Redline Wirtschaft bei verlag moderne industrie 2003: 175).

Über die Variante der Messung der Produktqualität kann der Anteil aller Produkte, die sämtliche Qualitätskontrollen ohne Beanstandungen passiert haben, fokussiert werden.

Datenherkunft

Der Anteil der fehlerfreien Eigenprodukte stammt aus automatischen Zählungen sowie Mitarbeiterberichten und dem Vergleich des Produktumsatzes mit den verkauften Stückzahlen. Die Daten zur Gesamtproduktion basieren auf automatischen Zählungen, Mitarbeiterberichten und Auswertung der Maschinenkapazitäten.[243]

Bewertung

Bei steigender Qualität der Eigenproduktion ist primär die finanzielle sowie personelle Ausstattung zu prüfen.[244] Auch Mitarbeitergespräche sollten fokussiert werden und ein Vergleich mit Branchendurchschnittswerten gezogen werden.[245] Sinkende Werte der Qualität der Eigenproduktion erfordern die Prüfung von Fremdbezugsmöglichkeiten, der Lieferantenqualität sowie eine Ursachenanalyse.[246]

Da die Betrachtung der Produktionsqualität alleine keine adäquate Auskunft gibt, sollte die möglichen Kennzahlenkombinationen mit der

---

243 Vgl.: Ossola-Haring, Claudia (Hrsg.): Das große Handbuch Kennzahlen zur Unternehmensführung. Kennzahlen richtig verstehen, verknüpfen und interpretieren (Redline Wirtschaft bei verlag moderne industrie 2003: 175).

244 Vgl.: Ossola-Haring, Claudia (Hrsg.): Das große Handbuch Kennzahlen zur Unternehmensführung. Kennzahlen richtig verstehen, verknüpfen und interpretieren (Redline Wirtschaft bei verlag moderne industrie 2003: 176).

245 Vgl.: Ossola-Haring, Claudia (Hrsg.): Das große Handbuch Kennzahlen zur Unternehmensführung. Kennzahlen richtig verstehen, verknüpfen und interpretieren (Redline Wirtschaft bei verlag moderne industrie 2003: 360).

246 Vgl.: Ossola-Haring, Claudia (Hrsg.): Das große Handbuch Kennzahlen zur Unternehmensführung. Kennzahlen richtig verstehen, verknüpfen und interpretieren (Redline Wirtschaft bei verlag moderne industrie 2003: 176).

Lieferantenqualität und der Fehlerquote bzw. dem Ausschuss genutzt werden.[247]

10.2. Wirksamkeit Korrekturmaßnahmen

10.2.1. Realisierungsquote Korrekturmaßnahmen*

Formel

$$\text{Realisierungsquote Korrekturmaßnahmen (in \%)} = \frac{\text{Anzahl realisierte Korrekturmaßnahmen} * 100}{\text{Anzahl Korrekturmaßnahmen}}$$

Kennzahlenbeschreibung

Die Realisierungsquote Korrekturmaßnahmen gibt den Anteil der tatsächlich umgesetzten Korrekturmaßnahmen im Verhältnis zu den in den Bereichen KM und QM ausgesprochenen Korrekturmaßnahmen an. Eine hohe Realisierungsquote steht für eine hohe Qualität der ausgesprochenen Korrekturmaßnahmen und ein i.d.R. positives Kosten-Nutzen-Verhältnis.

Datenherkunft

Die Daten zur Messung dieser Kennzahl stammen aus den Aufgabenbereichen KM und QM.

Bewertung

Steigt die Realisierungsquote Korrekturmaßnahmen, sind die Ursachen und die Fehleranzahl zu prüfen. Bei einem sinkenden Wert hingegen ist eine Prüfung der Richtlinien für die Bereiche KM und QM anzuraten.

Der Aussagegehalt der Realisierungsquote Korrekturmaßnahmen kann durch den Bezug zur Anzahl und Gewichtung der Fehler gestärkt wer-

---

247 Vgl.: Ossola-Haring, Claudia (Hrsg.): Das große Handbuch Kennzahlen zur Unternehmensführung. Kennzahlen richtig verstehen, verknüpfen und interpretieren (Redline Wirtschaft bei verag moderne industrie 2003: 176).

den. So kann eine sinkende Fehlerquote auf die Wirksamkeit von Korrekturmaßnahmen verweisen.

10.2.2. Potential verbesserungsfähiger Entscheidungen*

Formel

$$\textit{Potential verbesserungsfähiger Entscheidungen (in \%)} = \frac{\textit{Anzahl zurückgenommene bzw. erheblich modifizierte Entscheidungen} * 100}{\textit{Anzahl Entscheidungen}}$$

Kennzahlenbeschreibung

Diese Kenngröße betrachtet die Höhe des Anteils der Entscheidungen, die wieder zurückgenommen oder zumindest erheblich modifiziert wurden, im Verhältnis zu allen innerhalb eines Zeitraums gefällten Entscheidungen. Es werden in diesem Zusammenhang keine Aussagen über die Gründe für die Zurücknahme der Entscheidungen oder die Hierarchieebene der Entscheidungen getroffen.

Datenherkunft

Die Daten zur Berechnung stammen aus Mitarbeiterberichten der Bereiche KM und QM.

Bewertung

Erhöht sich der Anteil der zurückgenommenen oder zumindest erheblich modifizierten Entscheidungen, sind die Gründe hierfür herauszufinden. Des Weiteren sollten Folgeschäden minimiert werden, während die Lernbereitschaft gestärkt wird. Bei einem sinkenden Anteil zurückgenommener oder zumindest erheblich modifizierter Entscheidungen ist neben der Ursachenanalyse die Mitarbeiterentscheidungsfreude zu unterstützen.

Diese Kennzahl kann mit der Kundenzufriedenheit, der Mitarbeiterzufriedenheit, den Zielerreichungsgraden, der Sitzungshäufigkeit sowie der Sitzungsdauer kombiniert werden.

10.3. Qualitätsmanagementplan

10.3.1. Entwicklungskosten Qualitätsmanagementplan*

Formel

$$\textit{Entwicklungskosten QM-Plan (in €)} = \frac{\sum(\textit{Mitarbeiterstunden Entwicklung QM-Plan} * \textit{Personalkosten pro Stunde})}{\textit{Anzahl QM-Pläne}}$$

Kennzahlenbeschreibung

Diese Kennzahl betrachtet die Kosten, die für die Aufstellung eines mit den Kundenwünschen und Betriebsansprüchen konformen QM-Plans entstehen. Die Entwicklungskosten basieren auf den benötigten Arbeitsstunden der Mitarbeiter.

Datenherkunft

Die Mitarbeiterstunden zur Ermittlung der Entwicklungskosten für einen QM-Plan stammen aus der Arbeitszeitkontierung der Mitarbeiter. Die Personalkosten dagegen basieren auf den Daten der Personalabteilung.

Bewertung

Diese Kennzahl kann sich sowohl auf einen einzelnen QM-Plan, auf QM-Pläne einer bestimmten Projektgruppe sowie alle QM-Pläne des Berichtszeitraumes beziehen.

Verändern sich die Entwicklungskosten, sind die Ursachen sowie die Spezifika des QM-Plans und die Anzahl der nachfolgend notwendigen Änderungen am QM-Plan zu betrachten. Des Weiteren sind die Entwicklungskosten für den QM-Plan in Zusammenhang mit Projektkennzahlen wie mit den Besonderheiten des Projektes, der finanziellen Bedeutung, der Projektlaufzeit und der -betreuungsqualität zu setzen.

10.3.2. Änderungen am Qualitätsmanagementplan*

Formel

$$\text{Änderungen QM-Plan} = \frac{\sum \text{Anzahl Änderungen QM-Plan}}{\text{Anzahl QM-Pläne}}$$

Kennzahlenbeschreibung

Diese Kennzahl gibt die Häufigkeit an, mit der sich der QM-Plan nach seiner Entwicklung noch verändert hat bzw. an die Gegebenheiten oder neue Anforderungen angepasst wurde.

Datenherkunft

Die Änderungen am QM-Plan werden basierend auf der Dokumentation durch das Änderungswesen des KM sowie das QM erfasst.

Bewertung

Diese Kennzahl sagt nichts über die Ursachen sowie den Umfang der Änderungen.

Verändert sich der Kennzahlenwert, sind insbesondere die Aussagekraft verstärkenden Kenngrößen zu fokussieren. Das sind primär die Projektkennzahlen. Zudem stärken Kombinationen mit dem Änderungsumfang, der Änderungsursache (intern, extern) und dem Umfang des QM-Plans (Entwicklungskosten) den Aussagegehalt der Kennzahl Änderungen am QM-Plan.

10.3.3. Pflegeaufwand des Qualitätsmanagementplans*

Formel

$$\text{Pflegeaufwand QM-Plan (in €)} = \text{Mitarbeiterstunden Pflege QM-Plan} * \text{Personalkosten pro Stunde}$$

Kennzahlenbeschreibung

Der Pflegeaufwand des QM-Plans befasst sich mit den Kosten, die für die Entwicklung, die laufende Betrachtung und Aktualisierung sowie die Einarbeitung von Änderungen entstehen.

Datenherkunft

Die Daten zu den aufgewendeten Mitarbeiterstunden kommen aus der Kontierung der Zeit der Mitarbeiter. Die Angaben zu den Personalkosten stammen aus der Personalabteilung.

Bewertung

Der Pflegeaufwand des QM-Plans bezieht sich auf einen einzelnen QM-Plan, auf QM-Pläne einer bestimmten Projektgruppe oder alle QM-Pläne des Berichtszeitraumes.

Generell sind bei Änderungen des Wertes des Pflegeaufwandes des QM-Planes Projektkennzahlen wie die Projektbetreuungsqualität, Projektpersonalintensität, der Projektumfang und die Bedeutung des Projektes sowie die Kennzahlen zum QM-Plan bei der Betrachtung zu berücksichtigen.

Teil III: Metriken Konfigurationsmanagement und Qualitätsmanagement

11. Kennzahlen für Konfigurationsmanagement- und Qualitätsmanagement- Verfahren

11.1. Grundsätze für den Aufbau von Metriken

Für die Metriken werden Kennzahlen gewählt, die die erforderliche Qualifikation aufweisen. Diese Kennzahlen bestimmen Kosten und Nutzen des Kennzahlensystems.[248] Sie müssen

- vom Zweck her geeignet sein, d.h. der Informationsbedarf muss mit dem durch die Kennzahl bereitgestellten Informationsangebot übereinstimmen;
- genau sein, d.h. die Zuverlässigkeit und Validität der Information muss gesichert sein;
- aktuell sein, d.h. der Zeitraum zwischen der Messung und der Auswertung ist möglichst gering;
- einfach und nachvollziehbar sein, d.h. das Zustandekommen eines Kennzahlenwertes ist zurückverfolgbar und das Messergebnis kann vom Empfänger der Kennzahl interpretiert werden;
- in einer vernünftigen Kosten-Nutzen-Relation stehen, d.h. der Einsatz darf nur geringere Kosten verursachen als ihr Erkenntniswert annimmt.[249]

Im Rahmen eines Kennzahlensystems müssen alle enthaltenen Kennzahlen mit wichtigen Werten und kritischen Erfolgsfaktoren verbunden sein. Sie berücksichtigen sowohl Vergangenheit als auch Gegenwart und Zukunft.

---

248 Vgl.: Liebetruth, Thomas; Otto, Andreas: Ein formales Modell zur Auswahl von Kennzahlen. (Verlage C. H. Beck, Vahlen 2006-1: 13).

249 Vgl.: Kütz, Martin: Kennzahlen in der IT. Werkzeuge für Controlling und Management. (dpunkt.verlag GmbH 2007: 41).

Anpassungen der Kennzahlen aufgrund geänderter Ziele, Strategien oder Rahmenbedingungen werden durch Änderungen sowie Hinzufügen oder Wegfallen von Kennzahlen möglich. Zu diesen Kennzahlen gehören neben den monetären auch nicht monetäre Größen.[250]

Da sich die individuell auszuwählenden Kennzahlen und damit die zu erstellenden Metriken direkt am Geschäftssystem und an den Strukturen des Unternehmens orientieren sollen, sind sie unternehmensspezifisch aufzubauen. Determinierend sind

- die Ziele der geplanten Metriken,
- die Kennzahlenkonzeption,
- die Realisierung der Metrik und
- die Häufigkeit der Aktualisierung.[251]

11.2. Zielstellungen der Metriken

Das Unternehmensziel in sämtlichen Branchen ist die Erwirtschaftung eines nachhaltigen Gewinns. Dazu sollen und müssen alle Abteilungen beitragen. Entsprechend basieren alle Abteilungsziele auf den von der Geschäftsführung vorgegebenen Zielvorgaben. Diese Vorgaben werden heruntergebrochen auf

- die Leistungserbringung in den Projekten, insbesondere die Einhaltung von Qualität- und Zeitvorgaben sowie die Begrenzung von Risiken;
- wirtschaftliche Ziele wie das Nichtüberschreiten der Kostenstellenvorgaben;

250 Vgl.: Vollmuth, Hilmar J.: Kennzahlen. (Rudolf Haufe Verlag GmbH & Co KG 2002: 24-25).

251 Vgl.: Burghardt, Manfred: Projektmanagement. Leitfaden für die Planung, Überwachung, und Steuerung von Entwicklungsprojekten (Publicis Corporate Publishing 2006: 490).

- den Umgang mit Planungsunsicherheiten in unterschiedlichen Projekten;
- personalpolitische Ziele wie das Schaffen von Spielräumen, die Integration der Mitarbeiter und die Steigerung von Flexibilität, Kommunikation und Teamfähigkeit;
- Ziele im Bereich Innovation/ neue Vorhaben/ Akquisitionen, insbesondere die Weiterführung bereits initiierter Vorhaben;
- prozessbezogene Ziele wie die Vorbereitung der Einführungen von neuen oder ergänzenden Normen, die Kontrolle des Kenntnisgrades und der Umsetzung der Prozesse sowie der Qualität-, Termin- und Kostentreue aller Projekte per Metrik;
- die Verbesserung der Unterauftragnehmer- und der Lieferqualität;
- die Orientierung am kontinuierlichen Verbesserungsprozess;
- die Intensivierung der Kundenbeziehungen und Auseinandersetzung mit den Wettbewerbern;
- die positive Gestaltung der Unternehmensintegration in einen Mutterkonzern.

Die Metriken zur Messung der Effizienz und Effektivität von KM- und QM-Verfahren sollen in diesem Zusammenhang sicherstellen, dass alle Aufgaben von KM und QM nicht nur erreicht, sondern v.a. effizient und effektiv erfüllt werden.

11.2.1. Art des Nutzerkreises

Die Metriken und ihre Auswertungen stehen nicht nur den Bereichsleitern von KM und QM zur Verfügung. Vielmehr sollen sie als Informationsgrundlage für die überstellte Leitung und damit der Geschäftsführung dienen.

11.2.2. Art des Aufgabenbereichs

Die im Rahmen dieser Arbeit zu erstellenden Metriken befassen sich mit der Effizienz- und Effektivitätsmessung von KM und QM, um die Wirtschaftlichkeit der Verfahren sowie der Aufgabenbereiche an sich zu beurteilen. Diese Bewertung gilt nicht nur dem internen Vergleich mit anderen Bereichen sondern auch einem Jahresvergleich. Der Jahresvergleich bezieht sich auf über eine Zeitachse sichtbare Veränderungen. Zudem werden Kosten und Nutzen von KM und QM aufgezeigt. In diesem Zusammenhang können Lücken sowie die Notwendigkeit, bestimmte Kennzahlen genauer zu betrachten, aufgezeigt werden. Des Weiteren werden Problembereiche, Einsparmöglichkeiten sowie geeignete Verbesserungsmaßnahmen bestimmt und somit strategische Entscheidungen bzgl. KM- und QM-Maßnahmen unterstützt. Die Metriken sollen als Planungsgrundlage für kommende Jahre sowie neue Projekte dienen. Dies wird durch den Rückgriff auf und den Vergleich mit Vorjahres- und bestehenden Projektwerten möglich. Hier ist v.a. der Projektlebenszyklus von Bedeutung. Dieser zeigt Zusammenhänge zwischen dem Verbrauch des Kostenbudgets sowie dem Zeitplan auf.

Der interne Vergleich mit anderen Abteilungen ist hinsichtlich des Effizienz- und Effektivitätsgrades relevant, da mit KM und QM als besonderen querschnittlichen Aufgabenbereichen keinerlei Vergleichsbasis mit den anderen Abteilungen aufweisen. Die Leistungen von KM und QM als Dienstleistungen stehen nicht alleine dar, sondern hängen stark von anderen Geschäftsbereichen des Unternehmens ab.

11.3. Ableitungen zur Erstellung der Metriken

Grundsätzlich können die Kennzahlen der Metriken zur Messung von Effizienz und Effektivität von KM- und QM-Verfahren in Anlehnung an klassische Kennzahlensysteme gestaltet werden. Weitere Grundlagen für die Bildung von Kennzahlen sind die klassische Effizienz- und Effektivitätsbetrachtung und -messung. Des Weiteren sind Qualitätsmerkmale Ausgangspunkte für die Bildung von Kennzahlen zur Messung von Qualität und können in diesem Zusammenhang auch für die Messung der Effizienz und Effektivität von QM und KM verwendet werden.

Unternehmensspezifisch sind zudem als Ansatzpunkte für die Entwicklung dieser Metriken sowohl die Kennzahlen der Qualitätsprüfungen, die Reviews und Audits (sowie deren Ergebnissen) als auch die Unternehmensstrategie und -vision sowie die Ziele der Aufgabenbereiche KM und QM und des Unternehmens zu berücksichtigen.

11.4. Realisierungsregeln

Da die Informationen der Kennzahlen schnell, kompakt und klar ihre Zielgruppe erreichen sollen, ist die Anzahl der Kennzahlen auf wenige, dafür aber aussagekräftige Werte zu beschränken.[252] Um die Aussagekraft der Metriken zu unterstützen, werden aus der o.g. „großen Menge an Kennzahlen eine kleinere Menge an Kennzahlen“[253] ausgewählt. Diese Auswahl weist einen besonders hohen Eignungsgrad auf. Der Umfang der Kennzahlen wird auf jeweils 20 für die Metrik zur Messung von Effizienz und Effektivität von KM-Verfahren sowie von QM-Verfahren beschränkt. Diese Auswahl basiert auf den bereits vorgestellten generell interessanten Kennzahlen. Die Anzahl der Kennzahlen wurde im Rahmen dieser Arbeit auf 20 determiniert, da mit der Zunahme der Kennzahlenanzahl auch die Erhebungs- und Benutzungskosten ansteigen. Somit werden hinsichtlich der Auswahl der Kennzahlen Wirtschaftlichkeitsaspekte berücksichtigt. Generell stellt die Auswertung jeder Kennzahl einen Mehraufwand dar, dennoch wurde im

---

252 Vgl.: Vollmuth, Hilmar J.: Kennzahlen. (Rudolf Haufe Verlag GmbH & Co KG 2002: 19-20).

253 Nach: Liebetruth, Thomas; Otto, Andreas: Ein formales Modell zur Auswahl von Kennzahlen. (Verlage C. H. Beck, Vahlen 2006-1: 16).

Rahmen dieser Arbeit die Relation zwischen Erhebungsaufwand und Erhebungsnutzen berücksichtigt.

Um zu einer formalen Ausgewogenheit zu gelangen, wurden zudem finanzielle und nicht finanzielle Kennzahlen in die Metriken aufgenommen. Des Weiteren ist bzgl. der Kennzahlen zu bedenken, dass sie aus einer Hand kommend und in einem Bericht zusammengefasst besser angenommen werden. Die Verknüpfung mit Tatsachen wirkt sich ebenso positiv aus wie die erkennbare Relevanz der Kennzahlen. Laufende Aktualisierungen erhalten die Aussagekraft.

Die aufgestellten Metriken erfordern einen Verantwortlichen, der mit den Kennzahlen besonnen umgeht. Zusätzlich zur Klärung der Verantwortlichkeiten ist aus Sicht dieser Arbeit dafür Sorge zu tragen, dass die Kennzahlen mit Maßnahmen verbunden sind, die auf Zielstellungen basieren.[254]

11.5. Metriken

Die Metriken zur Messung von Effizienz und Effektivität von KM- und QM-Verfahren als zwei verschiedenen Systemen basieren im Rahmen dieser Arbeit auf den gleichen allgemeinen sowie projektbezogenen Kennzahlen. Diese Kennzahlen beziehen sich generell auf die zusammengefassten Bereiche KM und QM und können je nach Notwendigkeit weiter nach KM und QM aufgeschlüsselt werden.

Da Materialkosten bei vielen Unternehmen derzeit zum Großteil auf Kostenstellen umgeschlagen werden, werden sie im Rahmen der hier zu benennenden Kennzahlen vernachlässigt. Um grundsätzliche Werte im Personalbereich zu erfassen, kann jedoch nicht auf die **Personalaufwandsquote** verzichtet werden. Diese Kennzahl dokumentiert die In-

254 Vgl.: Friedag, Herwig R.; Schmidt, Walter: Balanced Scorecard. Mehr als ein Kennzahlensystem. (Haufe-Verl. Gruppe 2000: 71).

tensität des Personalaufwandes. Sie bezieht sich auf den Umsatz laut Jahresabschluss und ist leicht zu ermitteln.

Der **Personaldeckungsgrad** ist Grundlage für personalpolitische Entscheidungen und hat damit wesentlichen Einfluss auf die Effizienz. Die Daten zur Ermittlung einer ggf. vorhandenen Personalüberdeckung oder -unterdeckung sind durch die Personalabteilung bzw. Lohnbuchhaltung leicht zu beschaffen. Zusätzlich zu Daten aus diesen Abteilungen müssen die Abteilungsmitarbeiter die **Dienstreisezeit** durch Zeitkontierungen und -aufzeichnungen erfassen. Dieses dient dann als Ausgangspunkt zur Betrachtung des Anteils der Dienstreisezeit an der Arbeitszeit. Diese Kennzahl ist aus Sicht dieser Arbeit im Hinblick auf die verschiedenen Standorte des Unternehmens sowie der zum Teil transatlantischen Projekte von großer Bedeutung und wurde mit in die Metriken aufgenommen.

Zur Messung der Effizienz dürfen Produktivitäten nicht vernachlässigt werden. Daher fand die **Arbeitsmengenproduktivität** Eingang in die Metriken. Sie ist basierend auf dem Jahresabschluss sowie durch Daten der Personalabteilung bzw. der Lohnbuchhaltung leicht zu ermitteln.

Der **strategische Zielerreichungsgrad** betrachtet hinsichtlich Effizienz und Effektivität von KM- und QM-Verfahren die Tätigkeit der Abteilungen an sich bzgl. der Erfüllung der vom Bereich gesetzten Ziele. Seine Datenwerte sind nicht so einfach zu erfassen, dennoch ist die Kennzahl hinreichend bedeutend, um den Aufwand zu rechtfertigen. Um den Aufwand relativ gering zu halten, kann anhand der folgenden Tabelle vorgegangen werden.

Tabelle 13: Zielerreichungsgrad

Ziel	Indikator	Gewichtung (in %)	Zielerreichungsgrad (in %)

Quelle: Eigene Darstellung.

Zur Messung von Effizienz und Effektivität von KM- und QM-Verfahren sind Projekte als die Hauptaufgabenfelder der beiden Bereiche zu betrachten. Mit Blick auf die Thematik muss zwingend eine Analyse der Wirtschaftlichkeit des Projektes bzw. der Projekte erfolgen. Diese Kennzahl ist entscheidend für die Genehmigung von Projekten.

Die Anforderungskonformität der Projekte kann als Kennzahl sowohl KM als auch QM legitimieren. Sie zeigt an, wie viele Projekte ohne Verfahren der beiden Aufgabenbereiche anforderungskonform erstellt wurden. Damit ist die Anforderungskonformität Indikator für die Notwendigkeit von regulierenden Eingriffen in die Projekte. Die Daten zur Messung der Kennzahl werden von den Bereichen KM und QM, der Projektdokumentation der Abteilung sowie entsprechenden Mitarbeiterberichten erfasst.

Im Rahmen der Metriken werden als Projektkennzahl die Sitzungserfolge erfasst. Aus der Perspektive der vorliegenden Arbeit muss die hohe Anzahl an Sitzungen in Bezug zu den tatsächlich in ihnen gefällten Entscheidungen gesetzt werden. Dadurch werden eine Effizienzbewertung der Sitzungen sowie ggf. strategisch auf ihr basierende Entscheidungen möglich. Eine Betrachtung der Zusammenhänge stellt die folgende Tabelle dar.

Tabelle 14: Auswertung Sitzungen und Meetings

Sitzungsart	Anzahl im Berichtszeitraum	Sitzungsanteile (in %)	Sitzungserfolge (in %)	Anzahl der Teilnehmer	Personalkosten/ -aufwand

Quelle: Eigene Darstellung.

Der **Projektfortschrittsgrad, der Realisierungsgrad Projekt, Einhaltung Zeitplan** und der **Realisierungsgrad Projekt, Einhaltung Budget** wurden im Rahmen der Metriken erfasst, da sie die Entwicklung des Projektes bzw. der Projekte auch im Hinblick auf die Einhaltung von Zeitplänen und Kostenbudgets berücksichtigen. Insofern stellen sie wirksame Kennzahlen zur Messung der KM- und QM-Verfahren der Projektbetreuung i.S.e. Projektentwicklung dar. Des Weiteren sind die Datenwerte zur Messung der Kennzahlen durch Plan-Ist-Vergleiche durch die Erfassung im Rahmen der Budgetplanung, dem Standardberichtswesen und den Kostenberichten verfügbar. Sie basieren auf einer vorherigen Plan-Betrachtung.

Die Erfassung des Realisierungsgrades kann durch die Erstellung einer Liste mit Aufgaben, die im Rahmen der jeweiligen Projektmeilensteine erledigt werden müssen, umgesetzt werden. Durch die Rücksprache nach dem Erreichen eines Projektmeilensteins mit dem Leiter der Bereiche KM und QM erhält dieser eine bessere Einsicht in die Projekte. Nicht nur ein Feedback zum aktuellen Projektstand, sondern auch evtl. auftauchende Probleme können berichtet und zur Diskussion gebracht werden. Die Kennzahlen der Projektentwicklung können, wie in der folgenden Tabelle dargestellt betrachtet werden.

Tabelle 15: **Projektkennzahlen**

Projekt	Projektstand/ Meilenstein	Materialkosten im Berichtszeitraum	Personalkosten im Berichtszeitraum	Gesamtkosten im Berichtszeitraum	Gesamtkosten seit Projektbeginn

Quelle: Eigene Darstellung.

Die **Termintreue** ist eine für die Bereiche KM und QM besonders wichtige Kennzahl. Dadurch, dass keine direkt messbaren Produkte erstellt werden, steigt aus Sicht dieser Arbeit die Bedeutung der Termintreue als Leistungskennzahl. Zudem ermöglicht sie Rückschlüsse auf die Zufriedenheit der Kunden und verweist auf die Effizienz der angewendeten Verfahren. Für die Messung müssen gesondert Daten erfasst und ausgewertet werden.

Für das KM ist die **Änderungsvorschlagsrate** relevant, da diese die Motivation betrifft, mit der Änderungsvorschläge eingebracht werden. Die Kennzahl ist damit auch ein Anhaltspunkt für die Notwendigkeit von Änderungen. Die Daten zur Messung der Änderungsvorschlagsrate sind durch den Bereich KM bzw. einen zu benennenden Mitarbeiter zu erfassen. Durch Kontierungen der Zeit dagegen wird der **Pflegeaufwand Geschäftssystem pro Jahr** weitgehend erfasst. Eine genaue Kontierung ist jedoch Voraussetzung, um die Kennzahlen zu messen. Das ermöglicht Rückschlüsse bzgl. des Umfangs des Geschäftssystems und der Notwendigkeit dieses Umfangs. Die Zeit, die für die Bearbeitung der Änderungsanforderungen aufgewendet wird, ist Kennzahl der Metrik zur Messung von Effizienz und Effektivität von KM-Verfahren, da sie die o.g. eingehenden Änderungsvorschläge sowie die Effizienz der Bearbeitung dieser Änderungsvorschläge betrachtet.

Die Bedeutung der **Bearbeitungszeit für Änderungsvorschläge** liegt darin begründet, dass Änderungsvorschläge zur effizienten Aufgabenerfüllung bzw. Projektabwicklung beitragen und somit ein hoher Kennzahlenwert auf entsprechende Mängel verweist. Die Bearbeitungszeit für Änderungsvorschläge hat zudem den Vorteil, dass die Daten leicht über die bestehenden KM-Systeme zu erhalten sind.

Die **Durchlaufzeit** verfeinert die Kennzahl hinsichtlich der Zeiten vom Eingang bis zur Entscheidung über Annahme bzw. Ablehnung des Änderungsvorschlags (**Durchlaufzeit I**) sowie von der Entscheidung zur Umsetzung bis zur tatsächlichen Realisierung (**Durchlaufzeit II**). Da derzeit hierfür keine Daten vorliegen, ist im Änderungsmanagement des KM eine entsprechende Zeiterfassung einzuführen. Der Aufwand der Datenerfassung wird durch das Aufzeigen evtl. Effizienzen und Effektivitäten bzw. dem Gegenteil gerechtfertigt, da derzeit nicht betrachtetes Potential aufgezeigt werden kann.

Eine Hauptaufgabe des KM liegt in der Erstellung und Pflege von projektbezogenen KM-Plänen. Durch die Erfassung der **Entwicklungskosten für einen KM-Plan** sowie die zusammenhängende Betrachtung mit der Anzahl nachfolgend eingegangener **Änderungen des KM-Plans** wird das Augenmerk auf die Effektivität eines günstigen KM-Plans gerichtet. Inwiefern die beiden sich bedingen, kann entscheidende strategische Bedeutung für die Erstellung von KM-Plänen haben. Die generelle Betrachtung des **Pflegeaufwandes** fand dagegen Eingang in die Metrik, um einen Gesamtüberblick über die derzeit nicht erfassten Kosten der Erstellung sowie der laufenden Betrachtung und den ggf. notwendigen Aktualisierungen zu haben.

Im Rahmen der Metrik zur Messung von Effizienz und Effektivität von QM-Verfahren sind aus Sicht dieser Arbeit insbesondere die Kennzahlen von Bedeutung, die die Notwendigkeit von QM bestärken. Dazu gehören unter anderem die Projekterfolgsrate und die Störungsdichte im Berichtszeitraum. Die **Projekterfolgsrate** bezieht sich auf die Anzahl der Projekte, die störungsfrei durchgeführt wurden. Die realistisch betrachtet sehr unwahrscheinliche Durchführung von Projekten ohne Störungen stellt eine grundsätzliche Legitimation für QM dar. Die Anzahl der prozessbezogenen Störungen dagegen wird durch die **Störungsdichte** erfasst. Beide Kennzahlen basieren auf Daten der Projektdokumentation, der Mitarbeiterberichte und dem Störungsmanagement. Beide, v.a. jedoch die Störungsdichte, sind damit ein Indikator für die Qualität der Projektverfahren und messen somit auch die Qualität von QM. Sinnvoll ist im Zusammenhang mit der Störungsdichte, die erkannten Störungen i.S.v. Fehlern hinsichtlich ihrer Bedeutung und Auswirkung zu kategorisieren.

Tabelle 16: Anzahl der im Berichtszeitraum behandelten Fehler

Fehlerkategorien (Gewichtung)	Anzahl erkannte Fehler	davon: im Berichtszeitraum behobene Fehler	insgesamt behobene Fehler

Quelle: Eigene Darstellung.

Durch die Einkaufs- und Produktionsqualität werden die Effizienz und die Effektivität der auf diese Bereiche bezogenen QM-Maßnahmen geprüft. Beide Kennzahlen befassen sich mit dem Anteil der fehlerfreien zugelieferten bzw. selbst hergestellten Produkte. Inwiefern bei fehlerhafter Lieferung bzw. Leistung oder bei fehlerbehafteten Projektergebnissen die Korrekturmaßnahmen des Bereichs QM auch wirklich wie geplant realisiert wurden, wird mittels der Realisierungsquote der Korrekturmaßnahmen erfasst. Eine hohe Realisierungsquote verweist auf die hohe Qualität der ausgesprochenen Korrekturmaßnahmen. Zudem bedeutet es i.d.R. ein für die Effizienz und Effektivität bedeutsames positives Kosten-Nutzen-Verhältnis.

Eine weitere Hauptaufgabe ist die Erstellung, Betreuung, Aktualisierung und Pflege der QM-Pläne. Die Erfassung der Entwicklungskosten in Zusammenhang mit der Anzahl nachfolgend notwendiger Änderungen zeigt direkt die Effektivität entsprechend kostengünstiger QM-Pläne auf. Der Zusammenhang zwischen beiden Kennzahlen ist von strategischer Bedeutung für die QM-Plan-Erstellung. Die grundsätzliche Betrachtung des Pflegeaufwandes von QM- Plänen wird derzeit selten im Rahmen des QM der Unternehmen erfasst. Aus Sicht dieser Arbeit ist ein Gesamtüberblick über die Entwicklungskosten sowie den kompletten Pflegeaufwand von großer Bedeutung für die kostenbezogene Planung und Kalkulation von Projekten.

Tabelle 17: Metriken zur Messung von Effizienz und Effektivität von Konfigurationsmanagement und Qualitätsmanagement

Nr.	Konfigurationsmanagement	Qualitätsmanagement
	allgemeine Kennzahlen	
1	Personalaufwandsquote	
2	Personaldeckungsgrad	
3	Dienstreisezeit	
4	Arbeitsmengenproduktivität	
5	strategischer Zielerreichungsgrad	
	Projektkennzahlen	
6	Wirtschaftlichkeit des Projektes	
7	Anforderungskonformität der Projekte	
8	Sitzungserfolge	
9	Projektfortschrittsgrad	
10	Realisierungsgrad Projekt, Einhaltung Zeitplan	
11	Realisierungsgrad Projekt, Einhaltung Budget	
12	Termintreue	
	Kennzahlen Konfigurationsmanagement	**Kennzahlen Qualitätsmanagement**
13	Änderungsvorschlagsrate	Projekterfolgsrate
14	Pflegeaufwand Geschäftssystem pro Jahr	Störungsdichte pro Jahr
15	Bearbeitungszeit für Änderungsvorschläge	Einkaufsqualität
16	Durchlaufzeit I der Änderungsanträge	Produktionsqualität
17	Durchlaufzeit II der Änderungsanträge	Realisierungsquote Korrekturmaßnahmen
18	Entwicklungskosten KM-Plan	Entwicklungskosten QM-Plan
19	Änderungen am KM-Plan	Änderungen am QM-Plan
20	Pflegeaufwand KM-Plan	Pflegeaufwand QM-Plan

Quelle: Eigene Darstellung.

Besteht weitergehender Klärungsbedarf bzgl. der Ursachen oder Zusammenhänge der Kennzahlengrößen, sind die in den vorangegangenen Kapiteln genannten Kennzahlen zu betrachten.

Für die Auswertung der im Rahmen dieser Arbeit erstellten Metriken zur Messung von Effizienz und Effektivität von KM- und QM-Verfahren sind entsprechende Auswertungssysteme zu erstellen.

11.6. Möglichkeiten und Grenzen der Metriken

Die im Rahmen der vorliegenden Arbeit betrachteten und aufgestellten Metriken zur Messung von Effizienz und Effektivität von KM- und QM-Verfahren bieten vielfältige Möglichkeiten, stoßen aber auch an ihre Grenzen. Ein Großteil der betrachteten Kennzahlen wird durch Mitarbeiter erfasst. „Wenn Daten von Menschen erfasst und eingegeben werden, sind sie manipulierbar. Ob bewusst oder unbewusst, das sei hier dahingestellt."[255] Zudem wird die Qualität der Daten durch den sie erfassenden bzw. zusammenfassenden Menschen beeinflusst. Die Qualität der Daten ist gleichzeitig ausschlaggebend für die Aussagekraft der mit ihnen errechneten Kennzahlen.[256]

Generell helfen Kennzahlen dem Management, strategische Entscheidungen vorzubereiten und zu treffen.[257] Dies betrifft sowohl das gesamte Unternehmen als auch nur auf einzelne Abteilungen wie die zusammengefassten Bereiche KM und QM. Des Weiteren sind Kennzahlen ein unverzichtbares Instrument zur Erfolgsmessung. Die vorliegenden Metriken greifen dieses Ziel über die Betrachtung von Effizienz und Effektivität auf.

---

255 Nach: Friedag, Herwig R.; Schmidt, Walter: Balanced Scorecard. Mehr als ein Kennzahlensystem. (Haufe-Verl. Gruppe 2000: 36).

256 Vgl.: Zwettler, Robert: Kennzahlen Trainer. (Rudolf Haufe Verlag GmbH & Co KG 2007: 26).

257 Vgl.: Zwettler, Robert: Kennzahlen Trainer. (Rudolf Haufe Verlag GmbH & Co KG 2007: 10).

Dennoch existieren Grenzen für jede Metrik, die auf den Grenzen jeder einzelnen Kennzahl beruhen. So hat keine Kennzahl Anspruch auf eine universelle Aussagekraft - diese kann jedoch durch die Kombination mit anderen Kennzahlen gestärkt werden. Inwiefern die Kennzahlen richtig interpretiert werden, hängt von den Beschreibungen und der Erfahrung des Verantwortlichen ab. Dieser hat zudem die Aufgabe, jeden Kennzahlenwert zu hinterfragen und ggf. durch die Kombination mit anderen zu klären. Trotzdem besteht stets die Gefahr, dass Kennzahlen neben den bekannten Einflussgrößen durch gänzlich andere Effekte als die berücksichtigten und betrachteten gelenkt werden.[258]

Eine weitere Gefahr besteht bei der Benutzung und Auswertung von Metriken hinsichtlich ihrer Aufstellung und Zusammensetzung. Es können blinde Flecken im Kennzahlensystem auftreten. In den vorliegenden Metriken wurde versucht, dieser Gefahr durch die Berücksichtigung der verschiedensten Bereiche von KM und QM zu begegnen.

Die bereits erwähnte Gefahr der Verfälschung der Ergebnisse oder der Datenwerte ist v.a. bei der Verknüpfung der Kennzahlen mit Vergütungen relevant. Gleichzeitig steigern Anreizsysteme die Bedeutung und Akzeptanz der Kennzahlen.[259] Beim Einsatz von Sanktionsmaßnahmen dagegen kann die Angst der Mitarbeiter auf die Verfahren lähmend wirken. Generell gilt, dass „entscheidend für die Wirksamkeit der mit Kennzahlen verknüpften Motivation"[260] Sanktionen weitgehend zu unterbinden sind. Vielmehr ist die Kommunikation aller Beteiligten zu fokussieren. Grundsätzlich ist bei der Implementierung von einzelnen

---

258 Vgl.: Zwettler, Robert: Kennzahlen Trainer. (Rudolf Haufe Verlag GmbH & Co KG 2007: 11).

259 Vgl.: Friedag, Herwig R.; Schmidt, Walter: Balanced Scorecard. Mehr als ein Kennzahlensystem. (Haufe-Verl. Gruppe 2000: 74).

260 Nach: Friedag, Herwig R.; Schmidt, Walter: Balanced Scorecard. Mehr als ein Kennzahlensystem. (Haufe-Verl. Gruppe 2000: 74).

Kennzahlen und Metriken zu beachten, dass die Mitarbeiter mit den Kenngrößen und ihrer Bedeutung vertraut gemacht werden.

Die Beeinflussung der Datenwerte und damit der Werte der Kennzahlen kann unter anderem durch die Kalkulation mit einem besonders großzügigen Budgetrahmen und Zeitplan erfolgen. Nicht zu unterschätzendes Manipulationspotential geht auch von geschriebenen, nicht aber geleisteten Stunden aus.[261]

Eine Grenze der Kennzahlen liegt in ihrer Vergleichbarkeit. So können die Metriken eines Unternehmens nicht ohne weiteres mit Kennzahlensystemen anderer Unternehmen verglichen werden. Betriebliche Besonderheiten sind zu berücksichtigen. Sie können einen Vergleich verfälschen. Auch beim Marktvergleich sind die verschiedenen Buchungssysteme und Geschäftsstrukturen zu berücksichtigen.

11.7. Qualitative Betrachtung

Aufgrund der begrenzten Aussagekraft von Kennzahlen sollten diese aus Sicht der vorliegenden Arbeit nicht das alleinige Entscheidungskriterium sein. So liegt eine Legitimation von KM und QM, losgelöst vom Effizienz- und Effektivitätsdenken, in der Unrealisierbarkeit der Null-Fehler-Philosophie. Der Umfang der im Unternehmen umgesetzten KM- und QM-Maßnahmen basiert auch auf dem Ausmaß der Abweichung von der Null-Fehler-Philosophie. Des Weiteren sind die Bedeutung des Images als Lieferant und Produzent qualitativ hochwertiger und fehlerfreier Produkte sowie die Notwendigkeit von QM in der entsprechenden Branche ausschlaggebend. Diese Faktoren sind im Bereich der Herstellung von Lenkflugkörpern entscheidend für die Existenz am Markt sowie den Erhalt der Wettbewerbsfähigkeit. Der Markt, in dem sich die Unternehmen in der heutigen Zeit befinden, erfordert ein jeder-

---

261 Vgl.: Friedag, Herwig R.; Schmidt, Walter: Balanced Scorecard. Mehr als ein Kennzahlensystem. (Haufe-Verl. Gruppe 2000: 74).

zeit hohes (Qualitäts-)Niveau, das an entsprechende Zertifzierungen gebunden ist. Jene QM-Systeme beeinflussen insofern unabhängig von ihrer Effizienz und Effektivität die Marktposition entscheidend. Die gesamte Nachfrage nach Produkten und Dienstleistungen der verschiedensten Unternehmen erfolgt in Abhängigkeit vom Qualitätsniveau sowie von der Vorlage von QM-Zertifizierungen. Aus Sicht dieser Arbeit ist daher eine Gewinn- und Verlustbetrachtung im Hinblick auf das gegenwärtige Qualitätsniveau sowie auf die Veränderungen des Qualitätsniveaus eine interessante Betrachtung, die losgelöst von den Metriken zur Messung von Effizienz und Effektivität von KM- und QM-Verfahren durchgeführt werden sollte.

Zudem ist die auf KM und QM basierende Qualität nur schwer zu quantifizieren, da sie Faktoren wie die Zuverlässigkeit als Wettbewerbsfaktor umfasst. Diese ist in vielen Bereichen nur schwer zu messen. Zum Einen werden von Seiten der Kunden fast keine Aussagen zur Zufriedenheit mit den Produkten sowie der Projekt-/ Auftragsbearbeitung getätigt. Zum Anderen existieren selten branchenspezifischen Betrachtungen hierzu, die einen Vergleich ermöglichen würden.

Generell sollte jedoch der Umfang der KM- und QM-Aktivitäten dahingehend betrachtet werden, inwiefern sie über das normale Maß hinausgehen. Dazu gehören Untersuchungen, ob und in welchem Ausmaß zusätzliche, intern beim Unternehmen nicht vorgeschriebene und vom Kunden nicht geforderte Prüfungen durchgeführt werden. Des Weiteren ist das Potential i.S.v. Standardisierungen von Plänen wie dem KM- und dem QM-Plan kaum zu berechnen.

Auch Faktoren wie die Nutzung von Synergien zwischen KM und QM gehören in die qualitative Betrachtung zum Thema Metriken zur Messung von Effizienz und Effektivität von KM- und QM-Verfahren. Die gemeinsame Nutzung von Räumlichkeiten und Material wie Druckern stellt aus Sicht dieser Arbeit ein Element der Effizienz und Effektivität der beiden Aufgabenbereiche dar. Sie zu messen ist jedoch zum gegenwärtigen Zeitpunkt nicht möglich. Eine qualitative Bewertung dagegen bestätigt in diesem Zusammenhang den positiven Umgang mit finanziellen Ressourcen. Dies basiert auf den grundlegenden Besonderheiten von KM und QM und bedeutet eine besondere organisatorische Anforderung an die Aufgabenbereiche.

Eine weitere Besonderheit ist die Organisation der Projekte. Die Tätigkeit der Aufgabenbereiche KM und QM ist als Dienstleistung zu klassifizieren. Um Dienstleistungen hochwertig, effizient und effektiv zu realisieren, muss das entsprechend notwendige Qualitätsbewusstsein in allen Abteilungen und Aufgabenbereichen vorhanden sein. Dieser Beitrag zur Effizienz und Effektivität von KM und QM ist nicht zu quantifizieren. Dennoch ist er im Rahmen der vorliegenden Arbeit zu berücksichtigen.

12. Fazit und Ausblick

Durch die Umsetzung der im Rahmen der vorliegenden Arbeit entwickelten Metriken sollen Verbesserungen realisiert werden. Diese potentiellen Erfolge sind einer der Hauptgründe für ihre Erstellung.

Metriken zur Messung von Effizienz und Effektivität von KM- und QM-Verfahren dienen der Verbesserung der Wettbewerbsfähigkeit durch Steigerung der Wirtschaftlichkeit und Produktivität. Dies ist insbesondere in den Aufgabenbereichen KM und QM, die keine Produkte an sich, sondern Qualität liefern, schwer zu messen. Die vorliegende Arbeit untersucht die Möglichkeiten hierzu. Die verwendeten, auf 20 Kennzahlen begrenzten Metriken werden bzgl. ihrer Messung „im Wesentlichen nicht durch das Erreichen eines Ziels, sondern durch die Zielsetzung gerechtfertigt".[262] Dabei bedingt die Qualität des Datenmaterials die Aussagekraft des Ergebnisses. Trotz der sorgfältigen Wahl der Kennzahlen existieren stets Grenzen im Rahmen der Verwendung von Kennzahlen und Metriken, die ihren Nutzen beschränken. Aufgrund ihrer begrenzten Aussagekraft sind sie nicht als alleiniges Entscheidungskriterium zu verwenden sondern sind vielmehr als Ergänzung zu oder Leitlinie für strategische Maßnahmen zu sehen. Ihre Interpretation muss sorgfältig von dem zuvor benannten Verantwortlichen oder einer Gruppe, die sich mit der Auswertung befasst, erfolgen, um Fehlinterpretationen zu verhindern. Des Weiteren ist die Qualität der Daten ausschlaggebend für die Aussagekraft der damit errechneten Kennzahlen, so dass Manipulationsversuche z.B. durch einen Verantwortlichen, der die Kommunikation betreut, zu begrenzen sind.[263] Den bestehenden Vorbehalten und Schwierigkeiten, weiche Indikatoren zu

---

262 Nach: DeMarco, Tom: Was man nicht messen kann, kann man nicht kontrollieren. (mitp-Verlag 2004: 117).

263 Vgl.: Zwettler, Robert: Kennzahlen Trainer. (Rudolf Haufe Verlag GmbH & Co KG 2007: 26).

messen, kann durch eine qualitative Betrachtung der Effizienz und Effektivität sowie der verwendeten Kennzahlen begegnet werden.

Die Grundlage für die vorliegenden Metriken bildet keine Prozessbetrachtung von KM und QM. Prozesskennzahlen werden verwendet, um Prozesse darzustellen, die sich durch das gesamte Unternehmen ziehen. Generell ist eine derartige Betrachtung im Rahmen moderner Unternehmen, die relativ viel KM und QM betreiben, sinnvoll, um z.B. Qualitätskosten zu analysieren und ihnen die entsprechenden Kostentreiber zuzuordnen. Hinsichtlich der hier aufgezeigten Metriken zur Messung von Effizienz und Effektivität von KM- und QM-Verfahren erfolgte die Betrachtung projektspezifisch.

Der Erfolg eines international agierenden Unternehmens basiert auf einer Vielzahl aufeinander abgestimmter Maßnahmen, die sich gegenseitig stützen und stärken. Dazu zählen auch die Verfahren von KM und QM. Inwiefern diese effizient und effektiv sind, wird durch die Metriken beleuchtet. Diese können, sofern gleiche Grundlagen bei den Unternehmen gegeben sind, auf regelmäßiger Basis mit Marktkennzahlen oder Wettbewerbern verglichen werden, um eine genaue Wettbewerbssituationsanalyse durchzuführen.

Die Einführung der Metriken basiert auf erhofften positiven Effekten wie

- dem Gewinnen von Informationen für die Unternehmens- und Geschäftspolitik,
- der Bewertung des Qualitätsniveaus mit Hilfe monetärer Maßstäbe,
- der wirtschaftlichen Qualitätsverbesserung,
- einer prioritätsgesteuerten Schwachstellenanalyse,
- einer Argumentationshilfe für vorgeschlagene Verbesserungsmaßnahmen,

- der Kostensenkung i.S.v. Optimierung der Qualitätskosten sowie
- der Stärkung der Position von KM und QM im Unternehmen.

Die darauf basierend aufgestellten Metriken können durch das Aufzeigen von Schwachstellen i.S.v. Ineffizienzen konkret reagieren und somit die Gesamtunternehmenssituation im Wettbewerbsmarkt stärken. Dies wird unter anderem möglich durch

- die Personalentwicklung,
- die gleichzeitig kostensenkenden und qualitätsfördernde Wirkungen,
- die Berücksichtigung der ständig steigenden Anforderungen an KM und QM sowie
- den nachhaltigen auf den Metriken basierenden Lernprozess zur Effizienz und Effektivität von KM- und QM-Verfahren.

Zudem ist von einer deutlichen, materiellen Verbesserung der wirtschaftlichen Abläufe im Unternehmen auszugehen, z.B. durch Erhöhung der Budget- und Zeitplaneinhaltung. Immateriell wirken sich dagegen die bessere Kundenzufriedenheit, das ggf. günstigere Preis-Leistungsverhältnis, die Zuverlässigkeit sowie das Qualitätsimage durch die gesteigerte Effizienz und Effektivität positiv aus.

Abschließend ist zu sagen, dass sich die Erfahrungen aus vorangegangen Projekten sowie Jahren und Projekten vergangener Jahre unter Verwendung der vorliegenden Metriken positiv auswirken. Faktoren, die von besonderer Bedeutung für die Projektdurchführung bzw. den Projektabschluss waren oder das Projekt positiv beeinflusst haben, können im Rahmen von Projektplanung, Projektorganisation, Projektsteuerung, Projektführung bzw. -verantwortung aufgegriffen werden. Zudem werden Erfahrungen i.S.v. Erkenntnissen, die in Nachfolgeprojekten zwingend angewendet werden sollten, durch die Metriken greifbar.

Die Metriken halten somit Erfolgsfaktoren und Erkenntnisse parallel fest.

Literaturverzeichnis

Absatzwirtschaft - Zeitschrift für Marketing: "Sanieren könne Sie nur vom Kunden aus." Karl Heinz Streibich, Vorstandschef der Software AG hat den zweitgrößten Konzern der deutschen IT-Branche wieder auf Kurs gebracht. Das Unternehmen geht hinter SAP gestärkt in Position. Das Erfolgskonzept der CEO klingt wie Marketing in Reinkultur: „Totale Kundenorientierung" - und zwar mit totaler Konsequenz. Gespräch mit Karl-Heinz Streibich. Das Gespräch führte Armin Hingst. 05/2008.

Aurich, Martin; Radtke, Philipp; Wilmes, Dirk: "TQM-gerechtes Controlling (CO7). Sieben Controllingbausteine für die Koordination TQM-geführter Unternehmen." In: Pocket Power. Band 016. 2. Auflage. München, Wien: Carl Hanser Verlag. - 2000.

Brauer, Jörg-Peter; Kamiske, Gerd F.: „Qualitätsmanagement von A bis Z. Erläuterungen moderner Begriffe des Qualitätsmanagements." 5., aktualisierte Auflage. München, Wien: Carl Hanser Verlag. - 2006.

Bröckelmann, Jörg: „Entscheidungsorientiertes Qualitätscontrolling. Ein ganzheitliches Instrument der Qualitätssicherung." In: Gabler Edition Wissenschaft. 1. Auflage. Wiesbaden: Betriebswirtschaftlicher Verlag Dr. Thomas Gabler GmbH. - 1995.

Burghardt, Manfred: „Projektmanagement. Leitfaden für die Planung, Überwachung, und Steuerung von Entwicklungsprojekten." 6., wesentlich überarbeitete und erweiterte Auflage. Erlangen: Publicis Corporate Publishing. - 2006.

C. Ebster/ L. Stalzer: „Wissenschaftliches Arbeiten für Wirtschafts- und Sozialwissenschaftler." 3., überarbeitete Auflage. Wien: facltas.wvu Universitätsverlag. - 2008.

DeMarco, Tom: „Was man nicht messen kann, kann man nicht kontrollieren." 2. Auflage. Bonn: mitp-Verlag. - 2004.

DGQ Deutsche Gesellschaft für Qualität e.V. (Hrsg.); Arbeitsgruppe 23 „Qualitätskennzahlen". Qualitätskennzahlen (QKZ) und Qualitätskennzahlen-Systeme. In: DGQ-Schrift Nr. 14-23. 2. Auflage. Berlin: Beuth Verlag GmbH. - 1990.

DGQ Deutsche Gesellschaft für Qualität e.V. (Hrsg.): „Qualitätskosten - Rahmenempfehlungen zu ihrer Definition, Erfassung, Beurteilung." 5. Auflage. Berlin: Beuth Verlag GmbH. - 1985.

Deutsche Bundesbank Eurosystem: „Monatsbericht Oktober 2008. Kurzberichte". 60. Jahrgang, Nr. 10.

Friedag, Herwig R.; Schmidt, Walter: „Balanced Scorecard. Mehr als ein Kennzahlensystem." 2. Auflage. Freiburg i. Br., Berlin, München: Haufe-Verl. Gruppe. - 2000.

FQS-Forschungsgemeinschaft Qualität e.V. (Hrsg.); Euler, Michael: „Effizienzbewertung präventiver Qualitätsmanagementprozesse. Forschungsbericht." FQS-DGQ-Band 84-03. Oktober 1998. 1. Auflage. Berlin, Wien, Zürich: Beuth Verlag GmbH. - 1999.

Gamweger, Jürgen; Jöbstl, Oliver: „Six Sigma Belt Training." In: Pocket Power. Band 048. 1. Auflage. München, Wien: Carl Hanser Verlag. - 2006.

Gauglitz-Lüter, Susanne: „Effektivitäts- und effizienzorientiertes Forschungs- und Entwicklungsmanagement. In: Reihe Personal-Management. Band 15. 1. Auflage. Lohmar, Köln: Josef Eul Verlag. - 1998.

Geiger, Walter; Kotte, Willi: „Handbuch Qualitätsmanagement. Grundlagen und Elemente des Qualitätsmanagements, Systeme - Perspektiven." 4., vollständig überarbeitete und erweiterte Auflage. Wiesbaden: Vieweg & Sohn Verlag/ GWV Fachverlage GmbH. - 2005.

Gladen, Werner: „Kennzahlen- und Berichtssysteme. Grundlagen zum Performance Measurement." 2., überarbeitete Auflage. Wiesbaden: Gabler Verlag. - 2003.

Heriberg, Christiane: „Messung der Effizienz von Total Quality Management. Kennzahlensystem zur Messung der Effizienz von TQM unter besonderer Berücksichtigung der Qualitätskosten." In: Schriftenreihe Qualitätsmanagement. Band 1. 2. Auflage. Hamburg: Verlag Dr. Kovac. - 2002.

Jankulik, Ernst; Kuhlang, Peter; Piff, Roland: „Projektmanagement und Prozessmessung. Die Balanced Scorecard im projektorientierten Unternehmen." 1. Auflage. Erlangen: Publics Corporate Publishing. - 2005.

Kandaouroff, Anni: „Qualitätskosten. Eine theoretisch-empirische Analyse." In: Zeitschrift für Betriebswirtschaft. Heft 6, 1994. Wiesbaden: Dr. Thomas Gabler Verlag. - 1994.

Karlöf, Bengt: „Effizienz. Die Balance zwischen Kundennutzen und Produktivität." In: REFA-Fachbuchreihe Unternehmensentwicklung. 1. Auflage. München: Carl Hanser Verlag. - 1999.

Kossak, Olaf: „JAVA-Architektur-Management: vier leistungsfähige Werkzeuge vorgestellt.Architektur-Manager." In: Entwickler.de http://entwickler.de/zonen/portale/psecom,id,98.html. In: http://entwickler.de/zonen/portale/psecom,id,146,online,1187,.html. Vom: 12.06.2007, 9:52 Uhr.

Kuchinke, Björn A.: „Krankenhausdienstleistungen und Effizienz in Deutschland. Eine industrieökonomische Analyse." In: Gesundheitsökonomische Beiträge. Band 43. 1. Auflage. Baden-Baden: Nomos Verlagsgesellschaft. - 2004.

Külpmann, Bernd: „Kennzahlen im Betrieb. Wichtige Werte im Wettbewerb." In: Pocket Business. 1. Auflage. Berlin: Cornelsen Verlag Scriptor GmbH & Co. KG. - 2006.

Kütz, Martin: „IT-Steuerung mit Kennzahlensystemen." 1. Auflage. Heidelberg: dpunkt.verlag GmbH. - 2006.

Kütz, Martin: „Kennzahlen in der IT. Werkzeuge für Controlling und Management. 2., überarbeitete und erweiterte Auflage. Heidelberg: dpunkt.verlag GmbH. - 2007.

Liebetruth, Thomas; Otto, Andreas: „Ein formales Modell zur Auswahl von Kennzahlen." In: Horvàth, Péter; Reichmann, Thomas: Controlling. Zeitschrift für erfolgsorientierte Unternehmenssteuerung. 18. Jahrgang, Heft 1, Januar 2006. München, Frankfurt am Main: Verlage C. H. Beck, Vahlen. - 2006.

Meyer, Claus: „Betriebswirtschaftliche Kennzahlen und Kennzahlen-Systeme." In: Wissen Kompakt. 4., überarbeitete und erweiterte Auflage. Sternenfels: Verlag Wissenschaft & Praxis Dr. Brauer GmbH. - 2006.

Ossola-Haring, Claudia (Hrsg.): „Das große Handbuch Kennzahlen zur Unternehmensführung. Kennzahlen richtig verstehen, verknüpfen und interpretieren." 2., überarbeitete Auflage. München: Redline Wirtschaft bei verlag moderne industrie. - 2003.

Ortner, Wolfgang: „Effizienz durch Workflowmanagement. Vorgehensmodell für ERP-Systeme." In: Industrielles Management (Hrsg. Tschandl, Martin). Band 3.

1. Auflage. Graz: Leykam Buchverlagsgesellschaft m.b.H. Nfg. & Co. KG. - 2005.

Popp, Gunther: „Konfigurationsmanagement mit Subversion, Ant und Maven. Ein Praxishandbuch für Softwarearchitekten und Entwickler." 1. Auflage. Heidelberg: dpunkt.verlag GmbH. - 2006.

Preißler, Peter R.: „Betriebswirtschaftliche Kennzahlen. Formeln, Aussagekraft, Sollwerte. Ermittlungsintervalle." 1. Auflage. München: Oldenbourg Wissenschaftsverlag GmbH. - 2008.

Probst, Hans-Jürgen: „Kennzahlen leicht gemacht. Richtig anwenden und interpretieren." 1. Auflage. Heidelberg: Redline Wirtschaft, Redline GmbH. - 2006.

Recknagel, Matthias; Rupp, Chris: "Requirements Management & Engineering. Messbare Qualität in Anforderungsdokumenten." In: Vertikal. IT-Technologie im Branchenfokus. Automotive. Anforderungsmanagement in der Automobilbranche. Ausgabe 2, 2006. manage it. It-Strategien und Lösungen. - http://www.ap-verlag.de/ In: http://www.ap-verlag.de/Vertikal/manage_it_Vertikal%20Automotive%202%202006%20 Sonderheft.pdf. Vom: 19.06.2007, 15:29 Uhr.

Reichmann, Thomas: „Controlling mit Kennzahlen und Management-Tools. Die systemgestützte Controlling- Konzeption." 7. Auflage. München: Verlag Franz Vahlen GmbH. - 2006.

Sasse, Alexander: „Kosten- und nutzenorientiertes Qualitätscontrolling." In: Horváth & Partner GmbH. krp Kostenrechnungspraxis. Jahrgang, Sonderheft 3. 1. Auflage. Wiesbaden: Gabler Verlag. - 2001.

Scheibeler, Alexander A. W.: „Balanced Scorecard für KMU. Kennzahlenermittlung mit ISO 9001:200 leicht gemacht." 3., neu bearbeitete Auflage. Berlin, Heidelberg: Springer-Verlag. - 2004.

Vollmuth, Hilmar J.: „Kennzahlen." In: TaschenGuide. Band 13. 2., überarbeitete Auflage. Planegg bei München: Rudolf Haufe Verlag GmbH & Co KG. - 2002.

Von Regius, Bernd: „Kostenreduktion in der Produktion. Praxisleitfaden für die Qualitätskostenanalyse." 1. Auflage. Berlin, Heidelberg: Springer-Verlag. - 2002.

Wolter, Olaf: „TQM Scorecard. Die Balanced Scorecard in TQM-geführten Unternehmen umsetzen." In: Pocket Power. 1. Auflage. München, Wien: Carl Hanser Verlag. - 2000.

Zollondz, Hans-Dieter: „Grundlagen Qualitätsmanagement. Einführung in Geschichte, Begriffe, Systeme und Konzepte." 1. Auflage. München, Wien: Oldenbourg Wissenschaftsverlag. - 2002.

Zwettler, Robert: „Kennzahlen Trainer." In: TaschenGuide. Band 123. 2., durchgesehene Auflage. Planegg bei München: Rudolf Haufe Verlag GmbH & Co KG. - 2007.

Quellenverzeichnis

EADS European Aeronautic Defence and Space Company. - http://www.eads.com/1024/en/Trailer_EADS.html. Standort Unterschleißheim. In: http://www.eads.com/1024/de/career/Entry_options/apprent%20Copy/Ausbildungsstandorte%20(Stand:%2011_05)/Unterschleissheim-04-08%20Copy.html. Vom: 05.06.2007, 16:56 Uhr.

EADS European Aeronautic Defence and Space Company. - http://www.eads.net/1024/en/Trailer_EADS.html. Chronologie 2001-2006. 2006. In: http://www.eads.net/800/de/eads/history/wings_of_time/chronology/2001_2006/2006.html. Vom: 25.06.2007, 11:00 Uhr.

Future engineering. solutions for your future. - http://www.future.cz/Kategorie: Integrierte Managementsysteme. ČOS 051622 / AQAP 2210. In: http://www.future.cz/topfuture/produkte/integrierte-managementsysteme/cos-051622-aqap-2210/CatID12728/LayId2/ArtId20107/Default.aspx. Vom: 19.06.2007, 16:16 Uhr.

Projekt Magazin. Das Fachmagazin im Internet für erfolgreiches Projektmanagement. - http://www.projektmagazin.de/Konfiguration. In: http://www.projektmagazin.de/glossar/gl-0277.html. Vom: 12.06.2007, 9:24 Uhr.

Projekt Magazin. Das Fachmagazin im Internet für erfolgreiches Projektmanagement. http://www.projektmagazin.de/Konfigurationsmanagement. In: http://www.projektmagazin.de/glossar/gl-0278.html. Vom: 12.06.2007, 9:17 Uhr.

Projekt Magazin. Das Fachmagazin im Internet für erfolgreiches Projektmanagement. http://www.projektmagazin.de/Qualitätsmanagement. In: http://www.projektmagazin.de/glossar/gl-0344.html. Vom: 12.06.2007, 9:37 Uhr.

Qualitätsmanagement unter einem D, A, C, H. - http://www.quality.de/Lexikon. AQAP. In: http://www.quality.de/lexikon/allied_quality_assurance_publications.htm. Vom: 19.06.2007, 15:18 Uhr.

Sonstige Quellen

DIN 55350-11: „Begriffe zu Qualitätsmanagement und Statistik." Teil 11: Begriffe des Qualitätsmanagements. Berlin: Beuth Verlag GmbH. - August 1995.

DIN EN ISO 9000: „Qualitätsmanagementsystem - Grundlagen und Begriffe" (ISO 9000:2005); Dreisprachige Fassung EN ISO 9000:2005. Normenausschuss Qualitätsmanagement, Statistik und Zertifizierungsgrundlagen (NQSZ) in DIN. Berlin: Beuth Verlag GmbH. - Dezember 2005.

FSC
www.fsc.org
MIX
Papier | Fördert gute Waldnutzung
FSC® C083411

Zeitfracht Medien GmbH
Ferdinand-Jühlke-Straße 7
99095 Erfurt, Deutschland
produktsicherheit@kolibri360.de